これ1冊でできる！
ラズベリー・パイ超入門

[改訂第6版]

Raspberry Pi

Raspberry Pi
1+/2/3/4/Zero/Zero W 対応

福田和宏 著

本文中に登場する商品の名称は、すべて関係各社の商標または登録商標であることを明記して本文中での表記を省略させていただきます。

本書に掲載されている説明およびサンプルを運用して得られた結果について、筆者および株式会社ソーテック社は一切責任を負いません。個人の責任の範囲内にて実行してください。

本書に記載されているURL等は予告なく変更される場合がありますので、あらかじめご了承ください。

本書の操作および内容によって生じた損害および本書の内容に基づく運用の結果生じた損害につきましては一切当社は責任を負いませんので、あらかじめご了承ください。また、本書の制作にあたり、正確な記述に努めておりますが、内容に誤りや不正確な記述がある場合も、当社は一切責任を負いません。

本書の内容は執筆時点においての情報であり、予告なく内容が変更されることがあります。また、システム環境、ハードウェア環境によっては本書どおりに動作および操作できない場合がありますので、ご了承下さい。

はじめに

　Raspberry Piは小さなマイコンボードです。手のひらに載るほどの大きさですが、デスクトップ環境もありパソコン同様に動作します。2019年11月に、Raspberry Piの最新版である「Raspberry Pi 4 Model B」が日本でも販売開始されました。従来モデルよりさらに性能が向上しており、一般的なパソコンの代わりとしても使えるレベルの性能です。

　機械学習・深層学習の発達で、AIを活用する動きが活発です。カメラで監視して人物を判別したり、会話を聞いて適切な返答をするなどといったことにAIが活用されています。このようなAIを活用する際の「エッジコンピュータ」として、Raspberry Piが注目されています。

　Raspberry Piを用いると様々な電子工作が可能です。「GPIO」という電子回路を制御できるインタフェースも備え、Raspberry Pi上で作成したプログラムで難なく電子部品を制御できます。LEDを光らせたり、モーターを使って物を動かしたり、スピーカーを接続して音を鳴らしたり、カメラを接続して写真や動画を撮影したりできます。センサーを使えば温度や明るさなどを検出して、取得した状態に応じて動作を変化させるといったことも可能です。

　さらに、Raspberry Piは入門用パソコンや省電力サーバーとしても活用可能です。プログラミング学習用環境「Scratch（スクラッチ）」が用意されており、子供のプログラミング教育用パソコンとしても利用できます。

　本書では、Raspberry Piのセットアップや基本的な使い方から、パソコンやサーバーとしての活用方法、電子回路の制御まで網羅的に解説しています。Raspberry PiのOSであるLinuxの基本、電子工作に必要な電子回路の基礎知識についても解説しています。最新版Raspberry Pi 4への対応は元より、旧来のRaspberry Pi各モデル（現行販売されているモデル）やRaspberry Pi Zero / Zero Wにも対応した内容です。

　Raspberry Piをパソコンとしてだけでなく、サーバーや電子工作など様々な用途で活用してみましょう。

2020年1月

福田 和宏

CONTENTS

はじめに 3
CONTENTS 4
本書のサポートページについて 6
本書の使い方 7

Part 1 Raspberry Piとは 9

Chapter 1-1　Raspberry Piとは 10
Chapter 1-2　Raspberry Piと周辺機器 22
Chapter 1-3　Raspberry Piへの給電 35

Part 2 Raspberry Piを動作させよう 39

Chapter 2-1　起動用microSDカードを用意する 40
Chapter 2-2　Raspberry Piの初期設定と起動・終了 55

Part 3 Raspberry Piの操作と設定 63

Chapter 3-1　Raspbian（Linux）の基本操作 64
Chapter 3-2　Raspberry Piの設定 77
Chapter 3-3　ネットワークの接続設定 84
Chapter 3-4　アプリの追加と削除 91
Chapter 3-5　リモートからのRaspberry Piの操作 101

Part 4 小型Linuxマシンとして利用する ... 113

Chapter 4-1　小型クライアントマシンとして使う 114
Chapter 4-2　小型Webサーバーとして使う 118
Chapter 4-3　ファイル共有サーバーとして使う 128

Part 5 プログラムを作ってみよう 139

Chapter 5-1 Raspberry Piで使えるプログラム 140
Chapter 5-2 Scratchを使ってみよう 143
Chapter 5-3 Pythonを使ってみよう 153

Part 6 電子回路をRaspberry Piで制御する 161

Chapter 6-1 Raspberry Piで電子回路を操作する 162
Chapter 6-2 電子部品の購入 168
Chapter 6-3 電子回路入門 173
Chapter 6-4 LEDを点灯・点滅させる 183
Chapter 6-5 スイッチの状態を読み込む 190
Chapter 6-6 扇風機を制御する 202

Part 7 I^2Cデバイスを動作させる 209

Chapter 7-1 I^2Cで手軽にデバイス制御 210
Chapter 7-2 アナログ値を入力する 217
Chapter 7-3 気温・湿度を取得する 227
Chapter 7-4 有機ELキャラクタデバイスに表示する 234

Part 8 Raspberry Piの応用 239

Chapter 8-1 着信メールを有機EL画面で通知する 240
Chapter 8-2 明るくなったら音楽を再生して通知する 244
Chapter 8-3 人が近づくと自動的に写真をWebサーバーで公開する 251

Appendix ———————————————————— 267

Appendix-1	Linux コマンドリファレンス ————————— 268
Appendix-2	電子部品購入可能店情報 —————————————— 278
Appendix-3	本書で扱った部品・製品一覧 ——————————— 283

INDEX ———————————————————————————— 285

本書のサポートページについて

　本書で解説に使用したプログラムコードは、弊社のWebページからダウンロードすることが可能です。詳細は、以下のURLに設置されているサポートページを併せてご参照ください。

　ダウンロードする際には、圧縮ファイルの展開・伸長ソフトが必要です。展開ソフトがない場合には必ずパソコンにインストールしてから行ってください。また、圧縮ファイル展開時にパスワードが求められますので、下記のパスワードを入力して展開を行ってください。

◆本書のサポートページ

http://www.sotechsha.co.jp/sp/1261/

◆展開用パスワード（すべて半角英数文字）

2020raspi6

※サンプルコードの著作権はすべて著作者にあります。本サンプルを著作者、株式会社ソーテック社の許可なく二次使用、複製、販売することを禁止します。

※サンプルデータをダウンロードして利用する権利は、本書の購入者のみに限らせていただきます。本書を購入しないでサンプルデータのみを利用することは固く禁止いたします。

※サンプルコードを実行した結果については、著作者および株式会社ソーテック社は、一切の責任を負いかねます。すべてお客様の責任においてご利用くださいますようお願いいたします。

本書の使い方

　本書の使い方について解説します。本文中で紹介しているサンプルプログラムや設定ファイルの場所、また配線図の見方などについても紹介します。

注意すべき点やTIPS的情報、キーワードなどを適宜解説しています……

プログラムコードの解説では、コード中に適宜解説をするとともに、本文中と対応する箇所が分かりやすいように丸数字（①②など）をふっています

● テキストファイルの見方

```
                                                    /home/pi/.bashrc
RUNTTY=`/usr/bin/tty | cut -c 6-8`

if [ $RUNTTY = 'tty' ]
then
    jfbterm -q -e uim-fep -u anthy-utf8
fi
```

……設定ファイルなどの編集を行う場合は、右上にRaspbian（Raspberry PiのOS）上の設定ファイルの場所を、フルパス（p.76参照）で表記しています

```
                                                    sotech/6-4/led_on.p
#! /usr/bin/env python3

import RPi.GPIO as GPIO
import time
```

……本書サポートページで提供するサンプルプログラムを利用する場合は、右上にファイル名を記しています。ファイルの場所は、アーカイブを「sotech」フォルダに展開した場合のパスで表記しています

●ブレッドボードの配線やGPIO端子図の見方

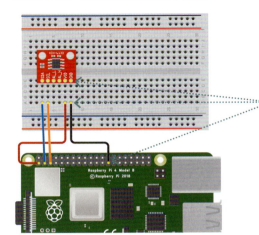

ブレッドボード上やRaspberry PiのGPIO端子に配線する際のイラストでは、端子を挿入して利用する箇所を黄色の点で表現しています。自作の際の参考にしてください。

本文中で解説する作例で使用するRaspberry Pi上のGPIO端子も、すべて詳細にイラストで説明しています。

注意事項

- 本書の内容は2020年1月の原稿執筆時点での情報であり、予告なく変更されることがあります。また、本書に記載されたソフトウェアのバージョン、ハードウェアのリビジョン、URL、それにともなう画面イメージなどは原稿執筆時点のものであり、予告なく変更される場合があります。
- 本書の内容の操作によって生じた損害、および本書の内容に基づく運用の結果生じたいかなる損害につきましても著者および監修者、株式会社ソーテック社、ソフトウェア開発者／開発元は一切の責任を負いません。あらかじめご了承ください。
- 本書の制作にあたっては、正確な記述に努めていますが、内容に誤りや不正確な記述がある場合も、当社は一切責任を負いません。また著者、監修者、出版社、開発元のいずれも一切サポートを行わないものとします。
- サンプルコードの著作権は全て著者にあります。本サンプルを著作者、株式会社ソーテック社の許可なく二次使用、複製、販売することを禁止します。
- サンプルデータをダウンロードして利用する権利は、本書の購入者のみに限ります。本書を購入しないでサンプルデータのみを利用することは固く禁止します。

Part 1

Raspberry Piとは

Raspberry Piは手のひらサイズの小さなコンピュータ（マイコンボード）です。パソコンのように利用できるほか、電子回路の制御（電子工作）も行えます。ここでは、Raspberry Piの特徴や各部の機能について説明します。また、Raspberry Piを利用する上で必要な周辺機器についても紹介します。

Chapter 1-1　Raspberry Piとは
Chapter 1-2　Raspberry Piと周辺機器
Chapter 1-3　Raspberry Piへの給電

Chapter 1-1　Raspberry Piとは

「Raspberry Pi」（ラズベリー・パイ）は、手のひらに載るほどの小さなコンピュータです。小さくてもパソコンとして利用したり、コンピュータ学習に役立てたり、電子工作するなど、様々な使い方ができます。ここでは、Raspberry Piの特徴や活用方法を紹介します。

Raspberry Piとは

　「**Raspberry Pi**」は、英国の「**Raspberry Pi Foundation**」（ラズベリー・パイ財団）が提供する、手のひらに収まるほどの小さなコンピュータです。見た目は、ICや各種端子などの部品が配置され基板がむき出しになっているため、頼り無く感じるかもしれません。しかし、これほど小さくても普通のパソコンのようにOS（オペレーティングシステム）が起動し、Webページの閲覧や、書類の作成などといったクライアントマシンとしての利用が可能です。

　また、たくさんのインタフェースが搭載されているのも特徴です。USBやHDMIなどの端子が搭載されているので、専用の周辺機器を用意しなくても、パソコンで利用できるディスプレイやキーボードが使えます。さらに、「**GPIO**」（General Purpose Input/Output：**汎用入出力**）というインタフェースを使うことで、Raspberry Piで電球やモーターを制御したり、温度や明るさなどの情報を取得したりするなど、**電子工作**が手軽にできます。

　小さくパワフルで様々な用途に利用できることから、Raspberry Piは人気を博しています。2012年2月に発売開始し、2019年2月の発表では累計出荷台数が2,500万台に達しています。

　Raspberry Piは、教育向けのコンピュータとして開発された経緯があります。現代の学生は小さい頃からパソコンなどのコンピュータにふれる機会が多いため、情報端末の操作に長けています。一方でプログラミングなどの設計に関わることには知識が乏しい状況です。これは、日常で手軽にプログラミングできる環境が少ないことが原因の1つです。

　そこで、Raspberry Pi Foundationの創始者であるEban Upton（エバン・アプトン）氏らが、子供でも手軽にプログラミングできるコンピュータを構想し、開発したのが始まりです。そのため、Raspberry Piには子供でも使いやすい工夫が凝らされています。すぐにプログラミングができるよう様々な言語を搭載しており、子供でも利用しやすいグラフィカルなプログラミング言語も利用可能です。価格も数千円で入手できます。

　また、教育の分野だけでなく、電子工作やロボットなどといったホビーとして楽しむユーザーにも広がっています。

●手のひらに載る小さなコンピュータ「Raspberry Pi」
（写真はRaspberry Pi 4 Model BとRaspberry Pi Zero W）

Raspberry Piでできること

Raspberry Piを利用してどのようなことが可能なのか、代表的な活用方法を紹介します。

» デスクトップ環境でクライアントパソコンとして活用

　Raspberry Piは、HDMI出力を使ってディスプレイに画面を表示したり、USB端子にキーボードやマウスを接続して操作したり、ネットワークに接続してインターネットにアクセスしたりできます。いわば、小さなパソコンと同じです。

　Raspberry Pi用に用意されているOS（Linux）ではデスクトップ環境が利用でき、WindowsやmacOS同様の使い方ができます。さらに、Webブラウザやメールクライアント、オフィススイートなどのアプリも利用できるため、Raspberry Piをデスクトップパソコンの代用として利用可能です。

●Raspberry Pi上でデスクトップ環境の利用が可能

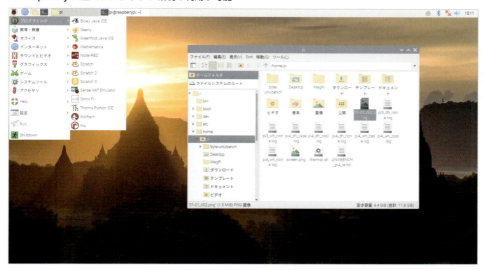

» 省電力サーバーとして利用

　Raspberry Piは、「ARM」という省電力で稼働できるCPUを採用しています。ARMはスマートフォンや携帯電話をはじめ、携帯ゲーム機や音楽プレイヤーなどのモバイル機器、コピー機など様々な機器で利用されています。

　ARMを搭載したRaspberry Piは、約1～15W程度の消費電力で動かせます。これは一般的なパソコンに比べて1/3～1/15程度の消費電力です。消費電力が小さいので、サーバーのような常時動作しているコンピュータの代わりに利用すれば、大幅な節電につながります。もし、自宅サーバーの運用に電気代が一台あたり月に3,000円かかっている場合、Raspberry Piに置き換えれば300円程度に抑えられます。

Raspberry Piで利用できるOSには、様々なサーバーアプリケーションが用意されています。WebサーバーでWebページを公開したり、ファイルサーバーで宅内ネットワークでのファイル共有をしたり、などといった用途で活用できます。

●Raspberry PiでWebサーバーを動作させる

» プログラムを学べる

先述した通り、Raspberry Piは教育用の低価格なコンピュータとして開発された経緯があります。そのため、Raspberry Piでは教育向けのアプリが利用可能です。その中の1つ「**Scratch**」（**スクラッチ**）は、ドラッグ＆ドロップで簡単にプログラムを作成できるアプリです。ブロック状になった各命令をつなぎ合わせるだけでプログラムができ上がります。プログラム経験のないユーザーでも、比較的簡単にプログラミングの原理を学べます。

他にもRaspberry Piでは**Python**や**C言語**、**PHP**、**Java**などの**プログラミング言語**を使ってプログラムを作成できます。また、機械学習の入門から応用まで最新技術を学ぶのにも役立ちます。

●ビジュアル的にプログラムを作成できる「Scratch」

» 電子回路を学べる

　Raspberry PiはGPIOという汎用インタフェースを搭載しており、電気的な入力／出力ができます。ここにLEDや表示デバイスを接続して点灯／表示したり、センサーをつないで温度や明るさを計測したりするなどといったことに利用できます。

　また、GPIOはプログラムで制御できるため、LEDの点滅タイミングを変更したり、センサーからの測定結果などをプログラムで処理したりするといったことが比較的簡単に実行できます。

　LEDなどの電子部品を利用するには、電子回路の知識が必要です。Raspberry Piを利用すれば、プログラムをしながら電子回路の基礎を学ぶことができます。

●Raspberry Piで電子回路を制御できる

» ものづくりの幅を広げられる

　Raspberry Piを使うと「ものづくり」の幅を広げられます。ロボット制御にRaspberry Piを使えば、踊らせるような動作も困難ではありません。さらに、機械や電気のような機器の制御だけでなく、例えばぬいぐるみにセンサーとスピーカーを搭載しておき、手を握るとしゃべるといったようなことも可能です。工夫次第で、様々な分野でRaspberry Piを役立たせることができます。

　ものづくりに興味があるなら、オライリー・ジャパンが提供するWebサイト「**Make: Japan**」（http://makezine.jp/）を見てみましょう。様々なユーザーがRaspberry Piなどを使って色々なものづくりを発表しています。

●Raspberry Piとセンサーを組み合わせて制作した独立して動く植木鉢

　また、ものづくりした作品を展示するイベントが全国で開催されています。例えば、オライリー・ジャパンが主催する「**Maker Faire**」、びぎねっとが企画運営をする「**オープンソースカンファレンス**」、ニコニコ動画のニ

Part 1 ■ Raspberry Piとは

コニコ技術部から生まれ、有志が開催する「**Nico-TECH:**」などがあります。これらのイベントを訪れれば、Raspberry Piを利用したたくさんの作品を見ることができます。

Raspberry Piのバージョンとモデル、外見

Raspberry Piには複数のバージョンとモデルがあります。ここでは、バージョンやモデルの違いについて解説します。

2020年1月の記事執筆時点、Raspberry Piには第1世代（Raspberry PiあるいはRaspberry Pi 1と表記されます）と第2世代（Raspberry Pi 2）、第3世代（Raspberry Pi 3）、第4世代（Raspberry Pi 4）があります。また、Raspberry Piよりも小型のModel Aやさらに小さなRaspberry Pi Zeroも販売されています。

それぞれのモデルの特徴について見ていきましょう。なお、英国版が登場した年月で説明します。日本での発売はこの年月よりも後であることに注意してください。

● Raspberry Pi の各モデルの違い

	Raspberry Pi 4			Raspberry Pi 3		
	Model B			Model B	Model B+	Model A+
SoC（CPU）	BCM2711（1.4GHz）			BCM2837 （1.2GHz）	BMC2837B0（1.4GHz）	
搭載メモリー	1Gバイト	2Gバイト	4Gバイト	1Gバイト		512Mバイト
ネットワーク インタフェース	10/100/1000Mbps、IEEE802.11b/g/n/ac、 Bluetooth 5.0			10/100Mbps、 IEEE802.11b/g/ n、Bluetooth 4.1	10/100/1000Mbps、 IEEE802.11b/g/n/ ac、Bluetooth 4.2	IEEE802.11 b/g/n/ac、 Bluetooth 4.2
USBポートの数	4					1
ターゲット価格/ 実売価格※1	35米ドル/未定	45米ドル/ 5,500円	55米ドル/ 6,600円	35米ドル/ 4,400円	35米ドル/4,950円	25米ドル/ 3,300円

	Raspberry Pi 2	Raspberry Pi		Raspberry Pi	
	Model B（V1.2）	Model B+	Model A+	Zero（V1.3）	Zero W / WH
SoC（CPU）	BCM2837 （900MHz）	BCM2835（700MHz）		BCM2835（1GHz）	
搭載メモリー	1Gバイト	512Mバイト※3		512Mバイト	
ネットワーク インタフェース	10/100Mbps		非搭載	非搭載	IEEE802.11 b/g/n、 Bluetooth 4.1
USBポートの数	4		1	1（microUSB）	
ターゲット価格/ 実売価格※1	35米ドル/ 4,840円	35米ドル/ 3,575円	20米ドル/ 3,025円	5米ドル/ 660円	10米ドル/ 1,320円※2

※1 KSY（http://www.ksyic.com）での価格（2020年1月調査）
※2 Raspberry Pi Zero WHはKSYで1,848円で販売
※3 2016年3月以前の製造品は256Mバイト

14

» Raspberry Pi 4 Model B

　2019年6月に発表され、国内では2019年末頃から発売開始された最新の第4世代Raspberry Pi（Raspberry Pi 4）は高速な処理を実現しています。標準的なPCにも見劣りしない性能で、一般的な利用方法であれば問題なく利用できます。クアッドコアCPUを搭載するほか、メインメモリーは1Gバイト、2Gバイト、4Gバイトの3モデルが用意されています。映像出力用HDMIが2ポートあり、複数のディスプレイに接続することもできます。有線LANにギガビットイーサネットを採用しており、1Gbpsでの通信が可能です。

　このほかUSB 3.0コネクタを装備し、電源コネクタとしてはUSB Type-Cが採用されています。

» Raspberry Pi 3 Model B/B+、Model A+

　2016年2月に販売が開始されたのが第3世代となる「Raspberry Pi 3 Model B」です。CPUが64ビット（1.2GHz）に対応したモデルです。第2世代では有線LANのみでしたが、Raspberry Pi 3から無線LANやBluetoothを搭載し、無線通信ができるようになったのが特徴です。

　2018年3月には新たなモデルの「Raspberry Pi 3 Model B+」が登場しました。Raspberry Pi 3 Model Bに比べCPUの動作周波数は1.4GHzになりました。また、温度管理機能が搭載され異常な高温にならないようCPUの動作を押さえられるようになっています。有線LANはギガビットイーサーネットを採用しました。ただし、イーサネットアダプタがUSB 2.0に接続する方式であったため、通信速度が300Mbps程度に抑えられています。また、有線LANから電源供給が可能となるPoE（Power over Ethernet）にも対応しています。

　さらに、2018年11月にはModel B+より大きさを3分の2程度にした「Raspberry Pi 3 Model A+」が登場しました。小型化、有線LANなし、USB1ポートなど、機能を限定しています。ただし、無線通信機能が搭載されているため、無線LANアクセスポイントに接続して通信することが可能です。価格はModel B+より安価となっています。

» Raspberry Pi 2 Model B

　2015年2月に登場したのが第2世代の「Raspberry Pi 2 Model B」です。クアッドコアCPUを採用し、動作周波数も初代に比べ900MHzと高速化されています。メインメモリーは初代の2倍である1Gバイト搭載されました。高速化が図られ、初代に比べ6倍の性能向上しています。

　また、2016年10月には64ビットのCPUに変更されたV1.2が登場しています。V1.2もRaspberry Pi 2 Model Bとして販売されています。

» Raspberry Pi Model B+、Model A+

　2012年4月に初めて登場したのが第1世代の「Raspberry Pi Model B」です。32ビットCPU（700MHz）、256Mバイトのメインメモリーを搭載していました。100Baseのイーサーネットを搭載しており、ネットワークに接続して通信できるようになっていました。ただし、電子部品などを接続して制御できるGPIOは26ピンと現在のラズパイ（40ピン）より少なかったほか、2つのUSBポート、ストレージとしてフルサイズのSDカードを

Part 1　███　Raspberry Piとは

利用するなどの違いがありました。

　2013年2月にはModel Bよりも小サイズの「Raspberry Pi Model A」が登場しました。小型化、有線LANなし、USB1ポートなど、機能を限定しています。

　2014年6月に「Raspberry Pi Model B+」、2014年11月に「Raspberry Pi Model A+」と、初代モデルを改良したモデルが登場します。どちらもGPIOが40ピンに増え、ストレージがmicroSDに変更されています。Model B+はUSBが4ポートと増えています。

　Raspberry Pi Model B / B+ / A+など、2016年3月以降に登場したモデルは、メインメモリーの容量が512Mバイトと強化されています。

» Raspberry Pi Zero、Zero W / WH

　2015年11月には、65×30×3mmとRaspberry Pi Model Aよりも小さな「Raspberry Pi Zero」が販売されています。極めて小さく、さらに5ドルと低価格なのが特徴です。小さく安価ですが、CPUは第1世代のRaspberry Piより高性能です。GPIOも搭載されており、外部の電子回路の制御も可能です。2016年5月に販売開始したRaspberry Pi Zero V1.3はカメラインタフェースを備え、Raspberry Pi専用のカメラを接続できます。

　2017年2月には、Raspberry Pi Zeroに無線LANとBluetooth機能を実装した「Raspberry Pi Zero W」が登場されました。また、あらかじめGPIOにピンヘッダがはんだ付けされている「Raspberry Pi Zero WH」も提供されています。

Raspberry Piの外観

　Raspberry Piの本体の構造は次のようになっています。各端子などがどこに配置されているかをあらかじめ把握しておきましょう。

Chapter 1-1 ‖ Raspberry Piとは

● Raspberry Piの本体（表面・裏面）

表面

Raspberry Pi 4 Model B

Raspberry Pi 3 Model B+

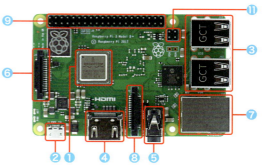

Raspberry Pi 2 Model B / Raspberry Pi 3 Model B

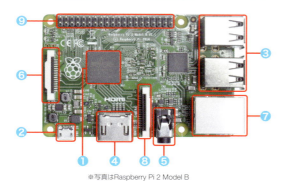

※写真はRaspberry Pi 2 Model B

Raspberry Pi Model A+ / Raspberry Pi 3 Model A+

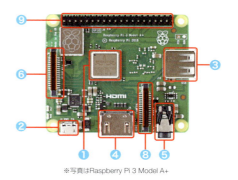

※写真はRaspberry Pi 3 Model A+

Raspberry Pi Zero / Zero W

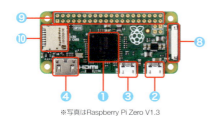

※写真はRaspberry Pi Zero V1.3

17

裏面

Raspberry Pi Model A+ / B+、Raspberry Pi 2 Model B、
Raspberry Pi 3 Model A+ / B / B+、Raspberry Pi 4 Model B

※写真はRaspberry Pi 4 Model B

Raspberry Pi Zero / Zero W

※写真はRaspberry Pi Zero v1.3

❶ SoC（CPU）

SoC（System on a Chip）とは主要な部品を1つにまとめたICのことで、Raspberry Piの核となる部品です。Raspberry PiのSoCには、CPUやGPU、USBコントローラ、チップセットなどが1つにまとまっています。

SoCとしてBroadcom BCM2835（第1世代Raspberry PiおよびZero）、BCM2836（第2世代）、BCM2837（第3世代）、BCM2711（第4世代）を利用しています（Raspberry Pi 2 V1.2はBCM2837を採用）。

SoCに内蔵するCPUとしてARMプロセッサー「ARM1176JZF-S」または「Cortex-A7」「Cortex-A53」「Cortex-A72」を格納しています。ARMプロセッサーは携帯電話やPDA、組み込みシステムなどでよく利用されており、低消費電力で動作するのが特徴です。

なお、Raspberry Pi 3で採用しているCortex-A53は省電力版となっており、性能を押さえる代わりに電力消費が少なくなっています。一方、Raspberry Pi 4 Model Bで採用しているCortex-A72は省電力版ではありません。このため、フルに性能を発揮することが可能です。

❷ 電源端子

ここに電源を接続することでRaspberry Piに電気を供給します。Raspberry Pi 4 Model BではUSBのType-Cを、それ以外のRaspberry PiはmicroUSB端子となっています。それぞれに合わせて接続するケーブルが異なります。

❸ USBポート

キーボードなどのUSB機器を接続できます。Model B / B+には4ポート（初代Raspberry Piは2ポート）、Model A / A+は1ポート搭載しています。このうちRaspberry Pi 4 Model Bの2ポートはUSB 3.0対応で高速通信が可能です。Model A / A+には1ポートしか搭載していないため、キーボードやマウスといった複数の機器を接続した場合には**USBハブ**を利用する必要があります。

Raspberry Pi ZeroおよびZero WはmicroUSB（1ポート）を採用しているため、パソコン用のUSB機器を接

続する場合は変換ケーブルやUSBハブが必要です。

❹ HDMI端子

　HDMI対応のディスプレイやテレビに接続することで、Raspberry Piの画面を表示できます。Raspberry Pi 4およびRaspberry Pi Zero、Zero W以外のRaspberry Piには、フルサイズのHDMI（Type-A）端子が備わっています。

　Raspberry Pi 4は **Micro HDMI**（**HDMIマイクロ**）を採用しています。一般的なディスプレイに接続するには、Micro HDMIをフルサイズのHDMI端子に変換するアダプタやケーブルを使う必要があります。Raspberry Pi 4はHDMI出力が2系統用意されており、複数のディスプレイに接続してマルチディスプレイで利用することも可能です。

　Raspberry Pi ZeroおよびZero Wは **Mini HDMI**（**HDMIミニ**）を採用しています。一般的なディスプレイに接続するにはフルサイズのHDMI端子に変換するアダプタや変換ケーブル等が必要です。

❺ φ3.5オーディオ、コンポジット出力

　コンポジット出力とオーディオ出力がφ3.5ジャックにまとめられています。オーディオ出力は一般的な3.5φステレオプラグをそのまま差し込むことで出力されます。コンポジット出力する場合は、3系統の出力できるケーブルが必要です。なお、Raspberry Pi ZeroおよびZero Wにはオーディオ出力ジャックは搭載されていません。

❻ ディスプレイシリアルインタフェース（DSI：Display Serial Interface）

　DSIを搭載する液晶やELディスプレイなどにRaspberry Piの画面を表示します。

❼ ネットワークインタフェース

　ネットワークケーブルでブロードバンドルータなどに接続することで、家内ネットワークやインターネットへアクセスできるようになります。Raspberry Pi 4 Model Bおよび3 B+はギガビットイーサネットを搭載しています。Raspberry Pi 4 Model Bは1Gbps近くの速度で通信が可能です。一方Raspberry Pi 3 B+はネットワークアダプタがUSB 2.0に接続されているため、300Mbps程度の速度に制限されます。そのほかのネットワークアダプターを搭載したRaspberry Piは最大100Mbpsで通信ができます。

　Raspberry Pi Model A / A+、3 A+、Raspberr Pi Zero、Zero Wには搭載されていません。

❽ カメラシリアルインタフェース（CSI：Camera Serial Interface）

　CSIインタフェースを搭載するカメラモジュールを接続することで、写真や動画が撮影できます。
　Raspberry Pi Zero、Zero Wは一回り小さい端子なので専用の変換ケーブルが必要です。

❾ GPIO（General Purpose Input/Output）

　デジタル入出力などができる端子です。ここに電子回路を接続することで、LEDを点灯したり、センサーの値を読み込むなどできます。またI^2CやSPI、UARTの端子としても利用可能です。
　Raspberry Pi Zero、Zero Wには端子が搭載されていないため、各自ではんだ付けが必要です。なお、あらか

じめピンヘッダが取り付けられたRaspberry Pi Zero WHを購入すればはんだ付けは不要です。

❿ SD（microSD）カードスロット

OSなどを格納しておいたSDカード（microSDカード）を差し込みます。Raspberry Piは差し込んだSDカード内に入っているOSを起動します。

⓫ PoE端子

「Raspberry Pi PoE HAT」を取り付けることで、有線LANから電源を供給できるようになります。なお、PoEで電源を供給するにはPoE対応のネットワークハブが必要です。

I²C、SPI、UART

I²C、SPI、UARTは、いずれも機器やICなどを相互に接続し、信号をやりとりする規格です。I²C（アイ・スクエア・シー）は「Inter-Integrated Circuit」の略、SPIは「Serial Peripheral Interface」の略、UARTは「Universal Asynchronous Receiver/Transmitter」の略です。I²Cの利用方法についてはp.209以降で紹介しています。

Raspberry Piのスペック

Raspberry Pi各モデルのスペックを表にしました。

	Raspberry Pi Model A+	Raspberry Pi Model B+	Raspberry Pi 2 Model B（V1.2）
CPU	ARM1176JZF-S（700MHz）シングルコア	ARM1176JZF-S（700MHz）シングルコア	ARM Cortex-A7（900MHz）クアッドコア
SoC	Broadcom BCM2835		Broadcom BCM2837
グラフィック	Broadcom VideoCore IV（250MHz）		
メモリー	512Mバイト※1		1Gバイト
USBインタフェース	USB 2.0×1ポート	USB 2.0×4ポート	
ビデオ出力	HDMI、コンポジット（NTSC、PAL）、DSI、DPI（GPIO）		
ビデオ入力	CSI		
オーディオ出力	φ3.5mmジャック、HDMI、I²S		
ストレージ用スロット	microSDカードスロット		
ネットワーク	無し	10/100Mbps Ethernet	
その他インタフェース	GPIO、UART、I²C、SPI		
電源出力端子	3.3V、5V		
電源電圧/推奨供給電流	5V / 700mA	5V / 1.8A	
サイズ	65mm×56.5mm	85.6mm×56.5mm	
重さ	23g	45g	45g

※1　2016年3月以前の製造品は256Mバイト

Chapter 1-1 ┃┃ Raspberry Piとは

	Raspberry Pi 3 Model B	Raspberry Pi 3 Model B+	Raspberry Pi 4 Model B
CPU	ARM Cortex-A53（1.2GHz）クアッドコア	ARM Cortex-A53（1.4GHz）クアッドコア	ARM Cortex-A72（1.5GHz）クアッドコア
SoC	Broadcom BCM2837	Broadcom BCM2837B0	Broadcom BCM2711
グラフィック	Broadcom VideoCore IV（250MHz）		Broadcom VideoCore VI（500MHz）デュアルコア
メモリー	1Gバイト		1Gバイト/2Gバイト/4Gバイト
USBインタフェース	USB 2.0×4ポート		USB 2.0×2ポート、USB 3.0×2ポート
ビデオ出力	HDMI、コンポジット（NTSC、PAL）、DSI、DPI（GPIO）		MicroHDMI×2ポート、コンポジット（NTSC、PAL）、DSI、DPI（GPIO）
ビデオ入力	CSI		
オーディオ出力	φ3.5mmジャック、HDMI、I²S		
ストレージ用スロット	microSDカードスロット		
ネットワーク	10/100Mbps Ethernet、IEEE 802.11 b/g/n	10/100/1000Mbps Ethernet※2、IEEE 802.11 b/g/n/ac	10/100/1000Mbps Ethernet、IEEE 802.11 b/g/n/ac
その他インタフェース	GPIO、UART、I²C、SPI、Bluetooth		
電源出力端子	3.3V、5V		
電源電圧/推奨供給電流	5V / 2.5A		5V/3A
サイズ	85.6mm×56.5mm		
重さ	45g		60g（4Gバイトモデル）

※2 EthernetはUSB 2.0に接続しているため、通信速度が300Mbps程度となる

	Raspberry Pi Zero	Raspberry Pi Zero W / WH
CPU	ARM1176JZF-S（1GHz）シングルコア	
SoC	Broadcom BCM2835	
グラフィック	Broadcom VideoCore IV（250MHz）	
メモリー	512Mバイト	
USBインタフェース	USB 2.0（microUSB）×1ポート	
ビデオ出力	Mini-HDMI、コンポジット（TV端子）、DPI（GPIO）	
ビデオ入力	CSI（小型タイプ）	
オーディオ出力	HDMI、GPIOから出力可能	
ストレージ用スロット	microSDカードスロット	
ネットワーク	無し	IEEE 802.11 b/g/n
その他インタフェース	GPIO、UART、I²C、SPI	GPIO、UART、I²C、SPI、Bluetooth
電源出力端子	3.3V、5V	
電源電圧/推奨供給電流	5V / 1.2A	
サイズ	65mm×30mm	
重さ	9g	

Part 1 ▌▌Raspberry Piとは

Chapter 1-2 Raspberry Piと周辺機器

ここでは、Raspberry Piの入手方法について紹介します。また、Raspberry Piを使う上で必要な周辺機器や接続方法についても紹介します。

Raspberry Piの入手

　Raspberry Piの入手方法について説明します。アイ・オー・データがRaspberry Pi 2、3、4の販売を開始したため、現在は家電量販店でも購入が可能です。ただし、一部の家電量販店でしか扱っていないこともあり、どこでも購入できるとは限りません。また、秋葉原や日本橋など電子パーツを扱う一部の店舗で購入できます。秋葉原であれば、秋月電子通商や千石電商、若松通商などで購入が可能です。

　一部のオンラインショップでも購入可能です。主なオンラインショップを次に示しました。各Webサイトにアクセスし、検索ボックスで「Raspberry Pi」と検索したりカテゴリーからたどったりすることで、商品の購入画面に移動できます。

- ・KSY
  https://raspberry-pi.ksyic.com/
- ・RSオンライン
  https://jp.rs-online.com/
- ・スイッチサイエンス
  http://www.switch-science.com/
- ・Amazon
  http://www.amazon.co.jp/

- ・秋月電子通商
  http://akizukidenshi.com/
- ・せんごくネット通販
  http://www.sengoku.co.jp/
- ・若松通商
  http://www.wakamatsu-net.com/biz/
- ・ヨドバシ.com
  http://www.yodobashi.com/

　Raspberry Piのターゲット価格は、Raspberry Pi 4 Model Bの4Gバイトモデルが55米ドルとなっています。日本では店舗によって価格が異なり、おおよそ7,000円前後と考えておくとよいでしょう。

　Raspberry Piは複数のモデルが販売されています。例えば、Raspberry Pi Model A+やRaspberry Pi Zeroはサイズが小さく、スペースが小さな場所での利用に役立ちますが、ネットワーク機能がありません。

　どのモデルを購入したらよいか分からない場合は、高速に動作してネットワークインタフェースや無線LANアダプタなどを搭載する「**Raspberry Pi 4 Model B**」を選択するのが無難です。

　本書では、原則的にRaspberry Pi 4 Model Bを対象に解説しています。ただし、他のモデルでも動作するように検証・記述しています。

●KSYのRaspberry Pi購入ページ

> **NOTE**
>
> **個人で購入する場合**
> Raspberry Piの正規日本代理店はRSコンポーネンツです。しかし、基本的に法人向けの販売となっており、個人ではKSYといったRSコンポーネンツの代理店から購入することとなります。なお、RSコンポーネンツでもRaspberry Piを1台から購入することはできます。このため、法人の場合はRSコンポーネンツで購入することも考えると良いでしょう。

必要な周辺機器を準備しよう

　Raspberry Piを購入しても、それだけでは利用することができません。特に、電源を供給するACアダプターやディスプレイなどの周辺機器の準備が必要です。特に必要な主立った周辺機器は次の通りです。

- ・電源ケーブル
- ・ACアダプター
- ・キーボード（USB接続）
- ・マウス（USB接続）
- ・Ethernetケーブル（カテゴリー3以降）
- ・ディスプレイまたはテレビ（HDMI端子搭載）
- ・HDMIケーブル
- ・microSDカードまたはSDカード（16Gバイト程度）
- ・Raspberry Piのケース

　それぞれの周辺機器について説明します。

Part 1　Raspberry Piとは

●Raspberry Pi 4の周辺機器接続イメージ

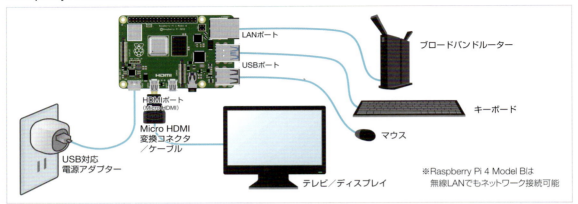

●Raspberry Pi 1+/2/3の周辺機器接続イメージ

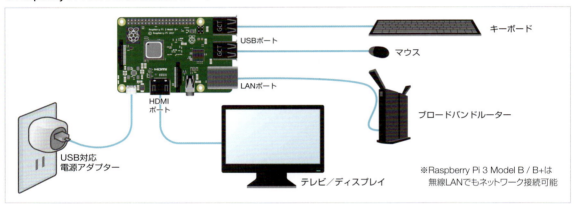

●Raspberry Pi Zero / Zero Wの周辺機器接続イメージ

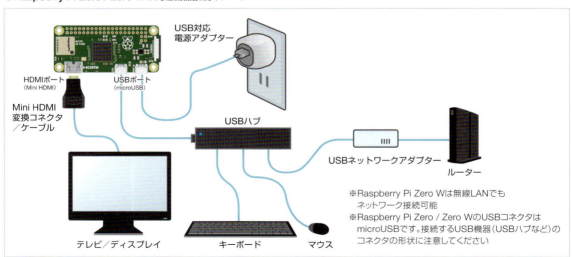

» 電源ケーブルとACアダプター（Raspberry Pi 4 Model Bの場合）

Raspberry Pi 4 Model Bの電源端子は **USB Type-C** です。ここにACアダプターなどを接続することでRaspberry Piを動作させられます。電源ケーブルとACアダプターを選択する場合に注意が必要なのが、「コネクタの形状」と「供給可能な電流量」です。

Raspberry Pi 4は3A（アンペア）の電流供給が推奨されています。これに満たない電流量しか供給できないACアダプターではRaspberry Pi 4の動作が安定せず、突然電源が切れるなどといった恐れがあります。ACアダプターは、必要電流量以上の供給機能があれば問題なく使えます。例えばRaspberry Pi 4に5AのACアダプターを使用しても問題ありません。

電源ケーブルは、一端がType-C（Raspberry Pi 4側）であることが必須です。もう一端のACアダプターへ接続する側は、ACアダプターの形状に合わせて用意します。右の写真のACアダプター（Anker PowerPort II PD）はType-CとType-Aの両方の出力口があり、どちらを利用しても電源供給が可能です。Raspberry Pi 4で利用する電源ケーブルは、両側がType-CあるいはType-A（ACアダプター側）―Type-C（Raspberry Pi 4側）のケーブルを用います。

ケーブルが3A（15W）の電流を流せることも確認しましょう。一部の安価なケーブルには大電流に対応できないものがあります。未対応ケーブルは電源供給できないだけでなく、火災の恐れもあるので注意してください。

電源コードやACアダプターの選択に不安がある場合は、Raspberry Pi 4推奨の製品を購入するのも1つの手です。例えばKSYが販売するRaspberry Pi 4推奨ACアダプターはケーブルが直結しており、出力側がUSB microBコネクタになっています。このままであればRaspberry Pi 3 Model B+以前のモデルに使用できます。Raspberry Pi 4に使用する場合は、microB端子をType-Cに変換するコネクタが付属しています。これを装着してRaspberry Pi 4に接続できます。

● Raspberry Pi 4 Model Bの電源端子

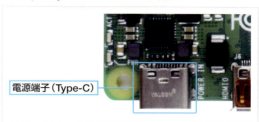

電源端子（Type-C）

● Type-Cのコネクタを搭載するACアダプター「Anker PowerPort II PD」

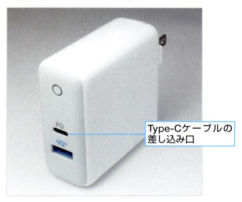

Type-Cケーブルの差し込み口

● Type-CのUSBケーブル

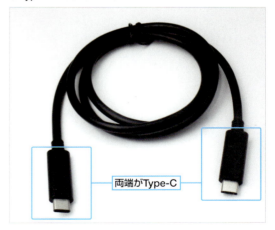

両端がType-C

Part 1　Raspberry Piとは

●KSYで販売するRaspberry Pi 4推奨のACアダプター

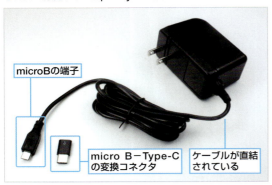

●Type-AからType-Cに変換するケーブル

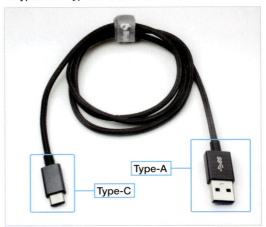

NOTE

Raspberry Pi 4 Model B 初期版の不具合

Raspberry Pi 4 Model Bの初期に販売されたものには電源に関する不具合があり、特定のACアダプターを接続しても電源が供給されないことがありました。Type-Cに対応した機器では、接続先の機器を判別して電源供給など制御する機能を実装しています。ACアダプターは、接続機器が電源供給が必要な機器であるかを判断してから、電気を送り出すようになっています。しかし、初期版のRaspberry Piでは回路に誤りがあり、一部のACアダプターは電源供給が必要ない機器と判断してしまって、電源供給されない不具合が発生することがありました。
この不具合は現在修正されており、現在国内の正規代理店で販売されているRaspberry Pi 4 Model Bは、どのACアダプターでも動作します。ただし、海外の販売サイトやオークションで出品されているRaspberry Pi 4 Model Bには、初期版が含まれる恐れもあるため、注意してください。

» 電源ケーブルとACアダプター（Raspberry Pi 4 Model B以外の場合）

　Raspberry Pi 4以外のRaspberry Piは、電源コネクタの形状は**USB micro-B**（microUSB）です。ここに電源ケーブルを介してACアダプターなどから電源を供給します。Raspberry Pi 4 Model Bとは形状が異なるので注意してください。
　Raspberry Piは、必要な電流量がモデルによって異なります。例えばRaspberry Pi 3は2.5A、Raspberry Pi 2は1.8Aです（p.20参照）。これ以上の電流を供給できるACアダプターを選択するようにします。ACアダプターは「必要以上の供給能力」があれば問題なく使えます。例えば2.5Aが必要な機器に対して、3AのACアダプターから電源供給することは問題ありません。

●Raspberry Piの電源端子（写真はRaspberry Pi 3 B+）

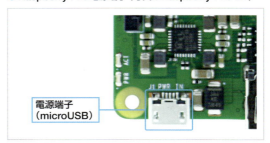

電源ケーブルは、一端がmicro-B（Raspberry Pi側）であることが必須です。もう一端のACアダプターへ接続する側は、ACアダプターの形状に合わせて用意します（多くのACアダプターはType-A）。以前のAndroidスマートフォン用のUSBケーブルのように片方がmicro-B、もう片方がType-AのUSBケーブルを用いるのが一般的です。もし形状が異なるケーブルを使用する場合は、変換コネクタ等を利用してください。

また、電源ケーブルがRaspberry Piに推奨される供給電流量以上の電流を供給できるかも確かめておきましょう。

●ACアダプターの一例

> **NOTE**
> **給電について**
> Raspberry Piへの給電についてはp.35を参照してください。

> **Keyword**
> **電流**
> 電流についてはp.175を参照してください。

●microUSBケーブルの一例

» キーボードとマウス（USB接続、Bluetooth接続）

Raspberry Piの操作にはキーボードとマウスを使用します。パソコン用に利用しているキーボード・マウスが利用できます。

●USB接続のキーボードとマウスの例

キーボードとマウスは、Raspberry PiのUSB端子に接続します。Raspberry Pi 4 Model Bの場合はUSB3.0とUSB2.0が搭載されていますが、どちらに接続しても問題ありません。

Raspberry Pi Model AおよびA+、Raspberry Pi 3 Model A+はUSBポートが1つです。複数のUSB機器を利用する場合はUSBハブを接続して利用します。

Raspberry Pi ZeroおよびZero Wは、USB端子の形状が**microUSB**で、端子が1つです。キーボードやマウスを利用する場合は、microUSB接続のUSBハブを接続して利用します。

● **Raspberry PiのUSBポートの形状と数**

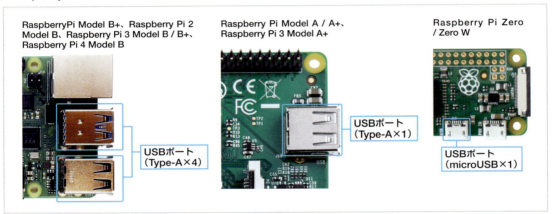

NOTE

USB ハブについて
USBハブについてはp.36を参照してください。

Raspberry Pi 4 Model BとRaspberry Pi 3 Model B / B+ / A+、Raspberry Pi Zero Wには**Bluetooth**が搭載されています。Bluetooth機能を利用してキーボード・マウスを接続することも可能です。ただし、Raspberry PiのOSのインストールおよびBluetooth機器の接続設定にUSBマウス・キーボードが必要です。

》**ディスプレイとディスプレイケーブル**

Raspberry Piには画面出力の3つのインタフェースが搭載されています。また、GPIOを使って画面出力することも可能です。

・**HDMI（High-Definition Multimedia Interface）**

HDMIは、高精細度マルチメディアインタフェースです。映像だけでなく音声転送にも対応しています。パソコンとディスプレイを接続するだけでなく、HDDレコーダーやゲーム機など、様々な機器の接続に利用されています。HDMI端子は、パソコン用ディスプレイだけでなく最近のテレビにも搭載されていますので、パソコン用

ディスプレイがなくても、テレビにRaspberry Piをつないで利用できます。

Raspberry Pi 3 Model B+（Zero / Zero Wを除く）以前は通常の**Type-A HDMI**ですが、Raspberry Pi 4 Model Bは**Micro HDMI**（**HDMIマイクロ**）です。HDMI―micro-HDMIケーブルを利用するか、変換コネクタ・ケーブルなどを用いる必要があります。

Raspberry Pi Zero、Zero WはHDMI端子の形状が**Mini HDMI**（**HDMIミニ**）です。HDMI―Mini HDMIケーブルを利用するか、変換コネクタ・ケーブルなどを用いる必要があります。

● ディスプレイへの接続インタフェース

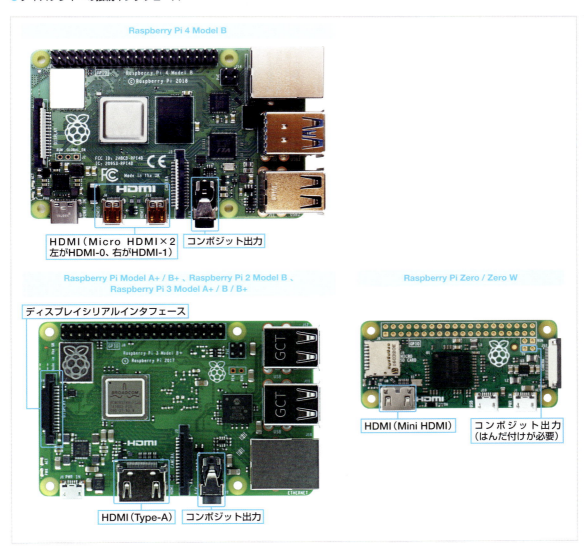

・コンポジット出力

コンポジットとは、テレビのビデオ端子に接続する方式です。ほとんどのテレビに搭載されており、テレビを手軽にディスプレイとして利用できる利点があります。Raspberry Pi ZeroおよびZero Wも、右上のTV端子にはんだ付けすることで出力可能です。ただし、アナログテレビの解像度で表示されるため画面解像度が低く、表示がぼやけてしまいます。そのためあまり実用には向いていません。

・ディスプレイシリアルインタフェース（DSI：Display Serial Interface）

ディスプレイシリアルインタフェースは、高速シリアル通信で映像を送信するインタフェースです。組み込みデバイスに使われる液晶ディスプレイや有機ELディスプレイなどに採用されている規格です。Raspberry Piの公式タッチパネルディスプレイを利用する場合は、ここにケーブルを差し込みます。

・GPIO（DPI：Display Parallel Interface）

DPIはGPIOの各端子をディスプレイ出力に利用して高速で画面表示する方式です。利用するGPIOの端子数は、表示する色数によって異なります。各色8ビットで表示する場合は、GPIOを28端子利用します。多数のGPIO端子を使用するため、DPIで画面出力する場合は電子部品の制御を同時に行うことはできません。

DPIは、一部のRaspberry Pi用のディスプレイで採用されています。

HDMI出力を利用したディスプレイへの接続について説明します。パソコンディスプレイやテレビを確認して、HDMI入力端子を確認しましょう。HDMI入力端子があればRaspberry Piを接続して画面表示できます。

Raspberry Pi 4のHDMI出力端子はMicro HDMI（HDMIマイクロ）です。通常、テレビやディスプレイ側のHDMI入力端子はフルサイズ（Type-A）のHDMIですので、片側がMicro HDMIでもう片側がType-AのHDMIケーブルを用意する必要があります。あるいは両端がフルサイズHDMIのケーブルに、Micro HDMIへの変換コネクターを装着してRaspberry Pi 4に接続します。

Raspberry Pi 4 Model Bには2系統のMicro HDMI出力端子がありますが、ディスプレイを1台だけ接続する場合はどちらの端子につないでもかまいません。

Raspberry Pi 4以外のRaspberry Pi（Zero / Zero Wを除く）は、HDMI出力端子はフルサイズのHDMIです。両端がフルサイズのHDMIケーブルを使用します。

Raspberry Pi ZeroおよびZero Wは、HDMI出力端子がMini HDMI（HDMIミニ）です。変換アダプタなどを用いて接続します。

●Micro HDMIに接続できるHDMIケーブルの例

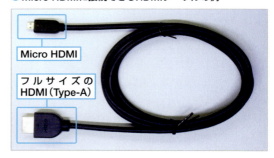

●両端がフルサイズ（Type-A）のHDMIケーブルの例

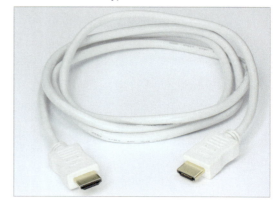

ディスプレイにHDMI入力端子がない場合でも、DVI入力やD-SUB（VGA）入力があれば、変換アダプタ・ケーブルなどを利用して表示できることがあります。ディスプレイやテレビ側にDVI入力端子がある場合は、「HDMI―DVI変換ケーブル」を利用します。約1,000円程度で購入が可能です。

一方、ディスプレイやテレビ側にD-SUB（VGA）がある場合は、変換アダプタを経由して信号をHDMIからVGAに変換する必要があるため、専用の変換器を利用します。変換器は約2,000円程度で購入可能です。ただし信号の変換するため、低解像度になったり、画質が落ちたりする恐れもあります。

● HDMI―DVI変換ケーブルの例

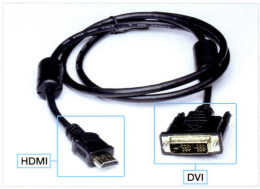

なお、HDMIで出力する場合は、ディスプレイ・テレビ側にスピーカーがあれば音声出力もできますが、DVIやD-SUBへ変換アダプタ・ケーブルを利用して出力した場合は音声出力は利用できません。

NOTE

マルチディスプレイでの表示

Raspberry Pi 4 Model Bで2台のディスプレイを利用する場合は、各Micro HDMI端子にディスプレイを接続して利用します。マルチディスプレイの設定方法についてはp.83を参照してください。

NOTE

Raspberry Pi 4でディスプレイに表示されない場合

Raspberry Pi 4はHDMI出力が2つあり、2台ディスプレイを接続できます。しかし、接続するディスプレイによっては正しく表示されないことがあります。ディスプレイに実装されている「**EDID**」という機能を利用して自動認識しているのですが、初期化がうまくいかずに画面表示されないことがあります。そのような場合は次の方法を試してみましょう。

1. HDMI-1（基板の上から見て右側端子）に接続して表示されなかったディスプレイを、HDMI-0（左側）に接続して起動します。
2. Raspberry Piの起動用microSDカードの「boot」フォルダー内にある「boot.txt」をテキストエディタで編集し、右の内容を追記します。
3. EDIDを使わないでディスプレイを表示するように設定します。Raspberry Piの起動用microSDカードの「boot」フォルダー内にある「boot.txt」をテキストエディタで編集し、右の内容を追記します。

```
hdmi_force_hotplug = 1
hdmi_group = 2

hdmi_ignore_edid=0xa5000080
hdmi_mode=82
```

この方法を試してみてなお表示できない場合は、Raspberry Piとディスプレイとの相性が悪くて表示できない恐れがあります。その場合は、他のディスプレイを利用することをお勧めします。

» ネットワークケーブル

Raspberry Piでネットワークへ接続するには、Raspberry PiのEthernetポートへEthernetケーブルを接続します。

Raspberry Piは機種によって最大通信速度が異なります。Raspberry Pi 4と3 B+は1Gbpsで通信可能な1000BASE-TXに対応しています（ただし3B+は最大300Mbps）。それ以前のRaspberry Piは最大100Mbpsで通信が可能な「100BASE-TX」という規格が利用できます。

Ethernetケーブルには対応通信速度に応じた規格（「**カテゴリー**」）があります。1000BASE-TXに対応するのは**カテゴリー6**、100BASE-TXに接続するには**カテゴリー5**以上のケーブルが必要です。なおRaspberry Piの通信自体は10BASE-Tにも対応しているので、カテゴリー3以上のケーブルであれば通信可能です（ただし最大通信速度は10Mbpsに制限されます）。

現在市販されている多くのEthernetケーブルはカテゴリー6が多いので、これらを購入しておけば良いでしょう。1mのカテゴリー6のEthernetケーブルは約300円程度で購入可能です。

なお、Raspberry Pi 4 / 3 Model B / B+ / A+およびZero Wには無線LANアダプタも搭載されています。LANケーブルを用意しなくてもネットワークに接続が可能です。

● Raspberry PiのEthernet端子（画像はRaspberry Pi 4）

Ethernetポート
Model A+および
Raspberry Pi Zero、
Zero Wは非搭載

● Ethernetケーブル（カテゴリー6）の例

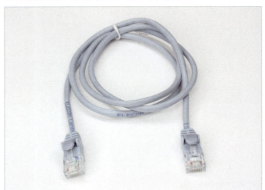

> **POINT**
> **Raspberry Pi ModelA+、Raspberry Pi Zeroの場合**
> Raspberry Pi Model A+およびRaspberry Pi ZeroにはEthernetポートが搭載されていません。ネットワークに接続する場合は、別途USB接続のネットワークアダプタや無線LANアダプタなどを接続して利用します。

> **NOTE**
> **ネットワークへの接続**
> ネットワークへの接続方法の詳細についてはp.84を参照してください。

> **NOTE**
> **無線LANでの接続**
> Raspberry Pi上で無線LANアダプタを使用してネットワークに接続する方法についてはp.87を参照してください。

» microSDカード

現行のRaspberry Piでは、「**microSDカード**」を記憶メディアとして使用しています（旧機種にはSDカードを使用するものがありました）。microSDカードに記録したOSからシステムを起動します。microSDカードはRaspberry Piの裏面（Raspberry Pi Zeroは表面）にあるSDカードスロットに差し込みます。

用意するmicroSDカードの容量ですが、Raspberry Piの利用用途によって必要なmicroSDカードの容量が異なります。例えば、アプリやライブラリを追加しないで使用するのであれば、8GバイトのmicroSDカードで十分でしょう。動画や音楽ファイルなど比較的大きなサイズのファイルをRaspberry Pi上で扱う場合は、それらを保存する領域を有するmicroSDカードが必要です。

本書Part2で解説する方法でRaspbian（Raspberry Pi用のLinuxディストリビューション。OS）を利用し、Webサーバーを設置したり電子工作したりする程度であれば、16GバイトのmicroSDカードで十分です。16GバイトのmicroSDカードであれば1,000円程度で購入が可能です。

» Raspberry Piのケース

Raspberry Piの運用に必須ではありませんが、**Raspberry Pi用ケース**を用意することをおすすめします。

Raspberry Piは基板がむき出しの状態で、各部品に直接触れることができます。誤って基板に物を落としたり液体をこぼしたりしてしまうと、基板に傷が付いたり、部品が壊れたりする恐れもあります。

特に、電子部品を扱うときには危険性が増します。電子部品は数cm程度の小さな電導性のある端子を備えています。抵抗などでは5cm程度の長い端子が付いています。この部品がRaspberry Piの下に入り込んだりすると、予期せぬ電気が流れRaspberry Piが停止してしまいます。場合によっては、基板上の部品が壊れる危険性もあります。Raspberry Piをケースに

● Raspberry PiのmicroSDカードスロット
（写真はRaspberry Pi 4）

● microSDカードの例

● Raspberry Pi用ケースの例
（写真は「Piケース Official for 4B 赤/白 [1876749]」

https://raspberry-pi.ksyic.com/main/index/pdp.id/504/pdp.open/504

Part 1　Raspberry Piとは

入れておくことで、これらの危険から守ることができます。

　ケースは、Raspberry Piを販売している店舗の多くで取り扱っており、1,000円程度で購入可能です。なお、ケースによって対応するRaspberry Piのモデルが決まっている場合がありますので、購入する際には注意しましょう。

●Raspberry Pi Zero用ケースの例
（写真は「Piケース Official for Pi Zero 赤/白」）

https://raspberry-pi.ksyic.com/main/index/pdp.id/225/pdp.open/225

NOTE

冷却機能を強化する

Raspberry Pi 4 Model Bや3 B+などは、処理性能が向上する一方で、処理が重いアプリなどを動作させるとSoCやメモリーが高温になります。Raspberry Pi 4 B、3 A+、3 B+では本体が一定の温度以上になると動作周波数を落として、それ以上高温にならない仕組みを用意しています（「**スラッシング**」と呼びます）。密閉したケースに格納すると熱がこもってしまい、温度が上昇しやすくなります。スラッシングが起きている間は動作周波数が落ちるため、処理性能が低下します。

スラッシングを防ぐには、SoCやメモリーなど高温になりやすい部品を冷却することが効果的です。冷却することで高い処理性能で動作し続けることが可能です。冷却には、ヒートシンクを取り付けたり、ファンで風を当てて冷却する方法などがあります。Raspberry Pi用のヒートシンクやファン付きケースが販売されていますので、Raspberry Piに高負荷がかかる処理を行わせる場合は、これらを利用するとよいでしょう。

なお、重い処理をしない場合は、特に冷却する必要はありません。そのままの状態でRaspberry Piを使って問題ありません。SoCの温度は、端末アプリで次のようにコマンドを実行することで確認できます。

```
$ cat /sys/class/thermal/thermal_zone0/temp  Enter
```

コマンドを実行すると、温度を1000倍した値で表示されます。つまり、表示された数値を1000で割った値が現在の温度です。もし、頻繁に80℃（Raspberry Pi 3の場合は60℃）を超えるようであれば、冷却した方が無難です。それ以下の温度で運用できる場合は、冷却せずに使い続けても問題ありません。

●ファンで冷却ができるケース

Chapter 1-3　Raspberry Piへの給電

Raspberry Piへの給電は、ACアダプター以外でも可能です。Raspberry Piに接続した機器や電子回路の消費電力が大きい場合は、別途電子回路用にも給電することで、安定してRaspberry Piを動作させられます。

ACアダプター以外から給電する

　Raspberry Piは、消費電力が約3～15W程度で動作します。例えばアップル社の現行Mac miniと比較すると、Mac miniの最大消費電力は150W（連続使用時）ですので、約50分の1～10分の1の電力で動作することになります。

　Raspberry Piは低消費電力ですので、**ACアダプター**からの給電方法だけでなく、**バッテリー**で駆動させることも可能です。バッテリーを使用すれば、場所を選ばずRaspberry Piを動作させることができます。さらに、無線LANアダプタで通信を行えば、完全にワイヤレスで運用することも可能です。

　Raspberry Piを動かすバッテリーは、スマートフォン用の外部バッテリー（**モバイルバッテリー**）を使えば手軽に給電できます。ほとんどのモバイルバッテリーは充電機能に対応しているので、繰り返し利用できるのも利点です。

●モバイルバッテリーの例

　利用するモバイルバッテリーを選ぶ場合、注意点があります。最も注意するべき点は、1～3A（アンペア）の電流を出力できるモバイルバッテリーを用意することです。モバイルバッテリーの中には出力上限が500mAというものもありますが、この場合Raspberry Piの動作が不安定になる恐れがあります。Raspberry Pi 3は2.5A、Raspberry Pi 4の場合は3Aの電流が必要になることもあります。最近は3Aで出力できるモバイルバッテリーが増えていますので、そういった商品を用意しましょう。

　バッテリー容量にも注意しましょう。容量が多いほどRaspberry Piが動作する時間が長くなります。例えば10000mAhのバッテリーであれば、Raspberry Pi 3を約4時間、Raspberry Pi 4の場合は約3時間動作させることが可能です。なお、Raspberry Piに接続する機器や動作させるプログラムによって動作時間が変わります。

Part 1 ||| Raspberry Piとは

接続する機器の消費電力には注意が必要

　Raspberry Piは電力定格が決まっており、Raspberry Piに流せる最大電流が決まっています。Raspberry Piの電力定格は約200 〜 3000mAです。これを上回る電流が流れると、搭載されている**保護素子（ポリスイッチ）**が給電を抑制し、Raspberry Piが壊れるのを防ぎます。

　電力定格はRaspberry Pi本体を動作させる電力だけでなく、Raspberry Piに接続されているUSBデバイスの電力や、作成した電子回路で消費する電力に対しても制限されます。つまり、Raspberry PiにUSBデバイスをたくさん接続したり、モーターのような消費電力の大きい部品を電子回路で利用すると、電力の上限に達して給電が遮断され、Raspberry Piは強制的に再起動します。Raspberry Piに電力消費の大きな機器を接続するのは避けましょう。

　Raspberry Piで電力消費の大きな機器を扱う場合は、Raspberry Piからでなく別ルートから機器へ給電することで回避できます。

» USB機器への給電

　キーボードやマウスなどの機器は消費電力が小さいので、Raspberry Piに直接接続して給電しても問題なく動作します。各機器がUSBケーブルを介して電力の供給を受ける方式を「**バスパワー方式**」といいます。

　一方、USB接続の外付けHDDなどは消費電力が大きく、Raspberry Piから給電するとRaspberry Pi本体の電力が足りなくなり不安定になります。このような機器を利用する場合は、機器にコンセントから直接給電する「**セルフパワー方式**」の機器を選択すると良いでしょう。コンセントから直接外部機器へ給電するため、Raspberry Pi側から電力を受ける必要がなくなります。

　もし、バスパワー方式の外付けHDDや光学ドライブなどをRaspberry Piで利用する場合は、セルフパワー方式のUSBハブを利用すると良いでしょう。USBハブに接続したコンセントから給電されるため、Raspberry Piには影響がありません。

● セルフパワー方式のUSB機器を利用して給電を行う

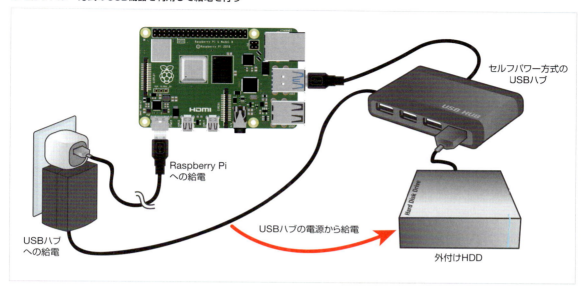

　セルフパワー型のUSBハブは1,000円程度で購入できます。Raspberry Pi Model A+、3 A+、Zero、Zero WにはUSBポートが1つしかないので、複数の機器を接続することを考え、あらかじめ購入しておくと良いでしょう。

　なお、Raspberry ZeroおよびZero WはmicroUSBポートですが、スマートフォン用のmicroUSBコネクタのUSBハブを利用すると、変換コネクタを使用する手間が省けます。

● セルフパワー型のUSBハブの例

» 電子回路への給電

　消費電力が大きい電子部品をRaspberry Piで制御する場合、Raspberry Piからの給電では不足することがあります。モーターや電球などは多くの電力が必要です。LEDを1つ点灯させるのにはさほど大きな電力は必要ありませんが、多数のLEDを点灯する場合は電力が不足する恐れがあります。

　この場合は、別の電源から電子回路に給電することで解決できます。モーターを制御するICによっては、制御用の信号とは別にモーターの駆動に外部からの電源を利用できる製品もあります。

●電子回路に外部から電力を供給する

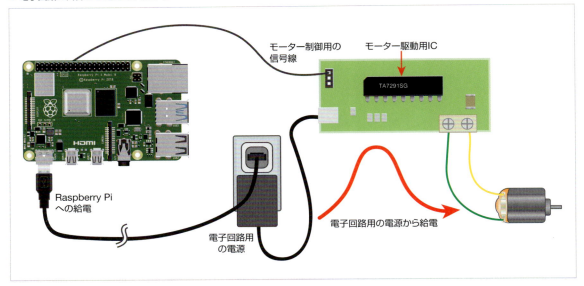

　電子回路で外部から電力を供給する場合は、外部供給した電流がRaspberry Piに流れ込まないよう工夫が必要です。もし、電流が流れ込んでしまうと、Raspberry Piに搭載された部品が過電流により損壊する恐れがあります。

　本書では、モーター駆動に外部から給電する例を紹介していますので参考にしてください（p.202参照）。

Part 2

Raspberry Piを
動作させよう

Raspberry Piを動かすには、あらかじめパソコンを
使って、microSDカードにRaspberry Pi用のOS
（Linux）をセットアップしておく必要があります。こ
うすることで、Raspberry Pi上でmicroSDカードか
らRaspbian（LinuxベースのOS）が起動し、様々な
操作が可能になります。ここではOSの準備方法や、基
本的な操作と設定について説明します。

Chapter 2-1　起動用microSDカードを用意する
Chapter 2-2　Raspberry Piの初期設定と起動・終了

Chapter 2-1　起動用microSDカードを用意する

Raspberry Piを動作させるには、起動するOSを用意する必要があります。Raspberry Piのオフィシャルページで配布されているイメージをmicroSDカードに書き込み、起動用メディアを作成します。

microSDカードのOSから起動する

　基本的に、コンピュータは**OS**（Operating System）がないと何も動作しません。Raspberry Piも同様で、Raspberry Piを使うためにはOSが必要です。しかし、Raspberry Pi本体にはOSが搭載されていません。そのため、別途OSを準備する必要があります。

　Raspberry Piには、公式Webページに同機で動作するOSが提供されています。このOSをダウンロードしてmicroSDカードに書き込み、Raspberry Piに差し込んで起動することで、OSが起動して利用できるようになります。

●OSはmicroSDカードから読み込む

Raspberry PiのWebサイト

OSをダウンロードして
microSDカードに書き込む

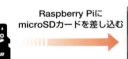
Raspberry Piに
microSDカードを差し込む

microSDカード内のOSから起動する

> **NOTE**
> **Raspberry Pi で使用できる microSD カード**
> Raspberry Piで使えるmicroSDカードについてはp.33を参照してください。

「NOOBS」と「イメージ」の2種類の形式でOSを提供

　Raspberry Piには「**NOOBS**」と「**イメージ**」の2種類の形式でOSが提供されています。
　「**NOOBS**」（New Out Of Box Software）は、パソコン上でインストーラをダウンロードしてmicroSDカード

へ保存し、そのmicroSDカードをRaspberry Piへ挿入してRaspberry Pi上でインストール作業する方式です。microSDカードにファイルをコピーするだけでRaspberry Piを起動できます（初回起動時にインストールします）。「**イメージ**」は、Raspberry Pi上で利用するOSを1つのファイルにして配布している形式です。パソコン上でmicroSDカードにイメージファイル内のデータを書き込むことで、Raspberry Piで利用可能なファイルシステムおよびシステムファイルを作成します。microSDカードにイメージを書き込むのに、専用のアプリやコマンドの実行が必要です。

どちらの形式でもRaspberry Piを動作させられるので、ネットワークの状況などに応じて、利用する形式を選択すると良いでしょう。

「NOOBS」ファイルのダウンロード

NOOBSは2種類のファイルが用意されています。1つは、ネットワークに接続せずにインストールする「**NOOBS**」です。NOOBSは約2.3Gバイトと大きくてダウンロードに時間がかかる上、その分容量の大きなmicroSDカードが必要です。ただし、必要なパッケージがあらかじめ含まれており、Raspberry Piにネットワーク接続環境がなくてもインストールできます。

もう1つは、インストール中に必要なパッケージをネットワーク上から取得する「**NOOBS Lite**」です。NOOBS Liteは約40Mバイトと小さく、インストーラだけのダウンロードは短時間で済みます。しかし、インストーラ起動後にパッケージをダウンロードするため、Raspberry Piがネットワークを利用できる環境にしておく必要があります。どちらも一長一短なので、使用する環境に応じて選択しましょう。

NOOBSファイルは、Raspberry Piのオフィシャルサイトからダウンロードします。記事執筆時点（2020年1月）の最新バージョンはNOOBS 3.2.1、NOOBS Liteは3.2です。パソコン上でWebブラウザを起動して、右図のURLにアクセスしてNOOBSあるいはNOOBS Liteファイルをダウンロードします。

●NOOBSのダウンロード（https://downloads.raspberrypi.org/NOOBS/images/NOOBS-2019-09-30/）

●NOOBS Liteのダウンロード（https://downloads.raspberrypi.org/NOOBS_lite/images/NOOBS_lite-2019-07-12/）

> **POINT　最新版の入手**
>
> ラズパイ公式サイトのダウンロードページ（https://www.raspberrypi.org/downloads/noobs/）からは、最新版NOOBSをダウンロードできます。ただし、書籍執筆時点（2020年1月）と異なるバージョンが提供されている可能性があるため、バージョンを指定してダウンロードする方法を紹介しています。

「イメージ」ファイルのダウンロード

「**イメージ**」ファイルは（記事執筆時点）12種類用意されており、ユーザーの好みで選択できます。例えば「**Raspbian**」はLinuxディストリビューションである「Debian」をRaspberry Pi用にカスタマイズしたもので、Debian用に用意された数万のパッケージから好きなものをユーザーが選択してRaspberry Piに導入できます。他に「OSMC」はメディア機能に特化されたディストリビューションで、搭載されているメディアプレイヤーソフトで動画や音楽を再生したり、YouTubeの動画を再生したりできます。本書では**Raspbian**を利用する方法について紹介します。

イメージファイルも、Raspberry Piのオフィシャルサイトからダウンロード可能です。パソコン上でWebブラウザを起動して、下のURLにアクセスしてRaspbianのイメージファイルをダウンロードします。記事執筆時点（2020年1月）の最新版はraspbian-2019-09-26です。ダウンロードしたら、ファイル上で右クリックして「すべて展開」を選択してファイルを展開しておきます。

●Raspbianのイメージファイルのダウンロード
（https://downloads.raspberrypi.org/raspbian/images/raspbian-2019-09-30/）

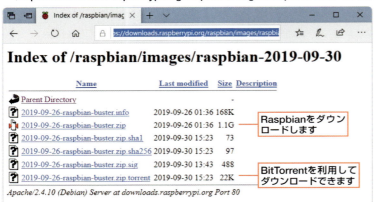

POINT

最新版の入手

ラズパイ公式サイトのダウンロードページ（https://www.raspberrypi.org/downloads/raspbian/）からは最新版Raspbianをダウンロードできます。ただし、書籍執筆時点（2020年1月）と異なるバージョンが提供されている可能性があるため、バージョンを指定してダウンロードする方法を紹介しています。

Chapter 2-1　起動用microSDカードを用意する

Raspberry Piで利用できるOS

Raspberry PiはARMプロセッサを搭載した小型PCボードです。ARMマシンは省電力ですが、一般的なパソコンに比べて非力なため、作業させる内容によっては動作が極端に遅かったり、あるいは処理できないことがあります。そこで、Raspberry PiにはOSが複数用意されていて、作業目的によって選択できるようになっています。
Raspberry Pi用に用意されているOSは次表の通りです。

●**Raspberry Piで配布するOS**

OS名	特徴
Raspbian	Linuxディストリビューション「Debian」をRaspberry Pi向けにカスタマイズしたOS。Debianで提供している数万に及ぶパッケージから選択してアプリをインストールできます
Ubuntu MATE	Linuxで最も著名なディストリビューションのUbuntuをベースとし、デスクトップ環境に軽量で快適に動作するMATEを採用しています
Ubuntu Core	IoTなど組み込みシステムで利用することが考えられたUbuntuをベースにしたディストリビューションです
Ubuntu Server	Webサーバーやファイルサーバーなどサーバー用途で利用するのに向いたOSです
Windows 10 IoT Core	Windows 10のIoT向けOSです。Windowsを用いてRaspberry Piを制御できます。ただし、デスクトップ環境は搭載されていません
OSMC	メディアを統合的に再生できるアプリを搭載しており、動画や音楽を再生できます
LIBREELEC	OSMC同様にメディア再生機として使用可能です
Mozilla WebThings	Web開発技術者でもIoTシステムを開発できるよう工夫されたディストリビューションです
PiNet	学校のクラス内で複数のRaspberry Piのファイルなどを保存しておけるストレージを構築できるOS
RISC OS	ARM向け専用に設計されたOS。小さく軽快に動作するのが特徴です。デスクトップ環境も用意されており、直感的な操作が行えます
Weather Station	Raspberry Piを温度や湿度など気象情報を取得することに特化したディストリビューションです
ICHIGOJAM RPI	マイコンボードのIchigoJamで利用されているBASICをRaspberry Pi上で利用できます

Linuxディストリビューション

Linuxとは本来はOSのカーネル部分のみを意味します。しかし、カーネルだけでは何もできないため、カーネルのほかに様々なアプリケーションなどをまとめて、コンピュータ全体の制御ができるようにパッケージングしたものを「Linuxディストリビューション」と呼びます。Linuxディストリビューションには、起動用のブートローダー、ユーザーからの入力や出力を制御するシェル、グラフィカル環境を提供するデスクトップ環境などがあらかじめ用意されています。Linuxディストリビューションは多くの企業やボランティアベースのコミュニティなどによって開発されています。Rasbianの元となった「Debian」と、その派生ディストリビューションでもっともユーザーの多い「Ubuntu」、基幹サーバーで使われる「Red Hat Enterprise Linux（RHEL）」、RHELの開発元であるRed Hat社が支援するコミュニティが開発する「Fedora」、スマートフォンのOSとして使用されている「Android」などがあります。

カーネル

カーネルとは、コンピュータを動作させるための中核プログラムです。カーネルはCPUやメモリなどのハードウェアを制御したり、HDDやmicroSDカードなどのファイルシステムの管理、実行中のプログラムなどを統合的に管理します。

microSDカードをフォーマットする

　microSDカードをパソコン上でフォーマットします。フォーマットにはSD Associationが提供する（記事執筆時点の最新版である）「**SD Card Formatter 5.0**」を利用します。SD AssociationのWebサイトにアクセスし、アプリをダウンロードしてからフォーマットします。

1 Webブラウザを起動し「https://www.sdcard.org/jp/downloads/」にアクセスします。画面左にある「SDメモリカードフォーマッター Windows用」をクリックします（macOSの場合は「SDメモリカードフォーマッター Mac OS用」）。本書では、Windowsの場合を例に説明します。

2 利用規約が表示されます。画面下の「同意します」をクリックすると、ダウンロードが開始されます。

Chapter 2-1 ｜｜ 起動用microSDカードを用意する

3 ダウンロードした「SD Card Formatter 5.0.1 Setup JP.exe」をダブルクリックして起動します。

> **NOTE**
> **SD Card Formatter が**
> **バージョンアップした場合**
> ファイル名は記事執筆時点のものです。SD Card Formatterがバージョンアップした場合は、ファイル名が変更されている可能性があります。その場合は読み替えて実行してください。

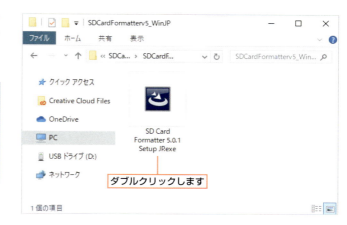

4 インストーラが起動します。表示される手順に従ってインストールします。

5 インストールが完了したら、パソコンに接続されたカードリーダーにmicroSDカードを挿入します。次に「SD Card Formatter」を起動します。Windowsのスタートメニューにある「SD Association」➡「SD Card Formatter」を選択すると起動します。

45

6 カードの刺さっているドライブを確認した後、「フォーマット」ボタンをクリックします。

7 確認メッセージが表示されます。フォーマットを実行して問題なければ、「はい」ボタンをクリックします。

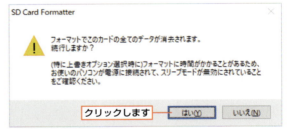

8 フォーマットが開始されます。microSDカードのサイズによってはフォーマットに時間がかかる場合があります。

Chapter 2-1　起動用microSDカードを用意する

9　メッセージが表示されれば、フォーマットは完了です。

フォーマットが完了しました

NOOBSをmicroSDカードに書き込む

NOOBSファイルのダウンロードとmicroSDカードのフォーマットが完了したら、**NOOBS**をmicroSDカードに書き込みます。

1　Raspberry Piで利用するフォーマット済みmicroSDカードを、パソコンに接続されたSDカードリーダーに挿入します。

2　ダウンロードしたNOOBSファイル（右図ではNOOBS_v3_2_1.zip）を右クリックして表示されるメニューから「すべて展開」を選択します。
NOOBS Liteを利用する場合も同様に展開します。

1 右クリックします
2 選択します

47

Part 2　Raspberry Piを動作させよう

3　展開したフォルダ内が表示されます。表示されない場合は、展開したフォルダをダブルクリックして内容を表示します。フォルダ内にあるファイルをすべて選択して、microSDカード（ここではWindowsがUSBドライブ、macOSがNO NAME）にドラッグ＆ドロップしてコピーします。

● Windowsの場合

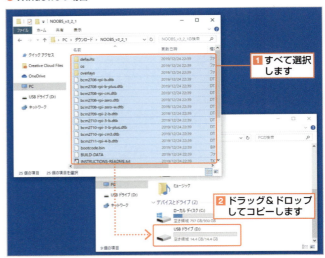

● macOSの場合

Chapter 2-1　起動用microSDカードを用意する

4 コピーが完了したらmicroSDカードの準備は終了です。Windowsの場合はmicroSDカードのアイコン上で右クリックして「取り出し」を選択します。macOSの場合はSDカードのアイコンをごみ箱にドラッグ＆ドロップすると安全にmicroSDカードをパソコンから取り外せます。

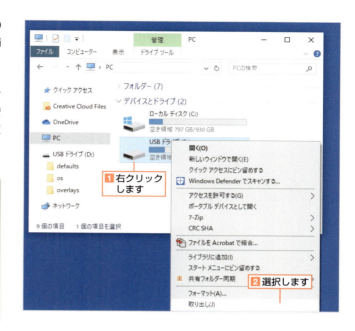

POINT

「取り出し」をしてからmicroSDカードを取り外す

microSDカードへのコピーが完了しても、すぐにmicroSDカードをパソコンから取り外すのは危険です。場合によっては書き込み処理が終わっておらず、一部のファイルが書き込まれていない状態になってしまう恐れがあります。必ず、手順4の取り出し操作をしてから、microSDカードを取り外すようにしましょう。

POINT

「取り出し」メニューがない場合

利用パソコンの機種によって、microSDカードの「取り出し」メニューが表示されないことがあります。その場合は、書き込み中でないことを確認してから抜き取ります。

イメージファイルをmicroSDカードに書き込む

　イメージファイルは、単にイメージファイルをmicroSDカードへコピーするだけでは動作しません。イメージファイルを書き込むためのアプリやコマンドを利用して作業する必要があります。
　WindowsでRAWイメージファイルをmicroSDカードに書き込むには「**Win32 Disk Imager**」を利用します。

1 Webブラウザを起動し「http://sourceforge.jp/projects/sfnet_win32diskimager/releases/」にアクセスします。ダウンロードパッケージ一覧の「Win32DiskImager-1.0.0-binary.zip」をダウンロードします。

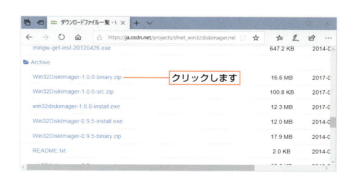

49

2 ダウンロードしたファイル上で右クリックして「すべて展開」を選択します。

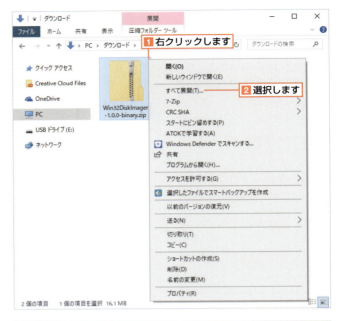

3 展開したフォルダ内にある「Win32Disk Imager.exe」をダブルクリックして、Win32 Disk Imagerを起動します。

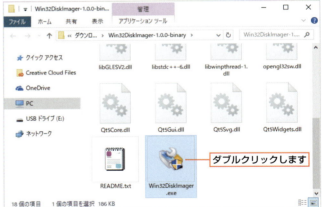

4 microSDカードに書き込むRAWイメージファイルを選択します。「Image File」欄の右にある📁をクリックします。

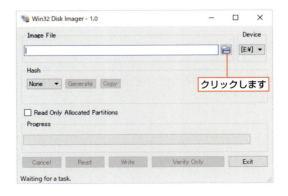

Chapter 2-1 ▎ 起動用microSDカードを用意する

5 ダウンロードしておいたイメージを展開したフォルダ内にあるイメージファイル（拡張子「.img」ファイル。右図では2019-09-26-raspbian-buster.img）を選択し、「開く」ボタンをクリックします。

6 「Device」欄で、microSDカードが挿入されているドライブを選択します。ドライブを間違えると、別の場所に書き込んでしまうので正しく選択しましょう。
選択したら「Write」ボタンをクリックします。

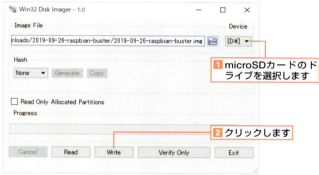

7 書き込みを実行するか確認を求めるダイアログが表示されます。ドライブが正しいことを確認し、「Yes」ボタンをクリックすると書き込みが開始されます。

⬇

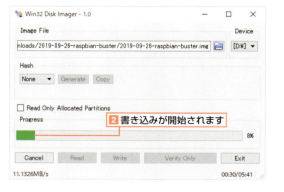

POINT

「取り出し」をしてから microSDカードを取り外す

microSDカードへのコピーが完了しても、すぐにmicroSDカードをパソコンから取り外すのは危険です。場合によっては書き込み処理が終わっておらず、一部のファイルが書き込まれていない状態になってしまう恐れがあります。必ず、p.49の手順4の取り外し操作をしてから、microSDカードを取り外すようにしましょう。

Part 2　Raspberry Piを動作させよう

> **NOTE**
>
> **書き込みができない**
>
> もし、書き込みを開始する際にエラーが表示されて書き込みができない場合は、SD Card Formatterのフォーマットオプションで「上書きフォーマット」を選択して初期化してみてください（p.44を参照）。

» macOSでイメージを書き込む

　macOSの場合は、「`dd`」というコマンドを利用して書き込みます。あらかじめMacを起動し、microSDカードをカードスロットに差し込み、Macで利用できる状態にしておきます。

1 ダウンロードしたイメージファイルをダブルクリックして展開します。イメージファイル（ファイル名の末尾が.imgのファイル）が作成されます。

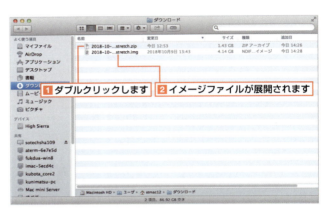

> **NOTE**
>
> **Zipファイルが存在しない**
>
> ダウンロードの方法によっては、ダウンロード後に自動的に展開されることがあります。この場合は展開されたイメージファイルをそのまま利用します。

2 Finderの「移動」メニューにある「ユーティリティ」を選択します。

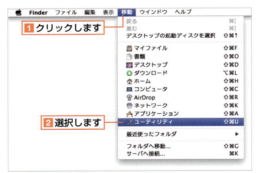

3 ユーティリティが一覧表示されたら「ターミナル」をダブルクリックします。

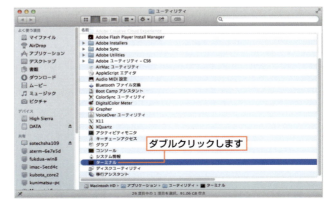

4 「diskutil」コマンドで、microSDカードがどこにあるかを調べます。右図のようにlistオプションを加えてコマンドを実行します。

macOSが認識している記憶デバイスが一覧表示されます。この一覧から、容量や名前などを参考にmicroSDカードを探し出します。探し出したら、0番の右に表示されている「IDENTIFIER」の内容をメモしておきます。右の写真の場合は「disk3」だと分かります。

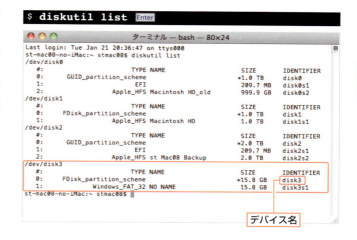

デバイス名

5 diskutilコマンドを使って、microSDカードをMacから切り離します。この際、切り離し対象となるデバイスの指定には、手順4で調べたIDENTIFIERの内容の前に「/dev/」を付加したものを記載します。disk3の場合は「/dev/disk3」となります。

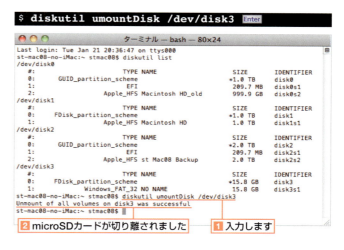

2 microSDカードが切り離されました　　1 入力します

6 「cd」コマンドでイメージが保存されているフォルダに移動します。ダウンロード（Downloads）フォルダに保存している場合は、右図のように実行することで移動できます。

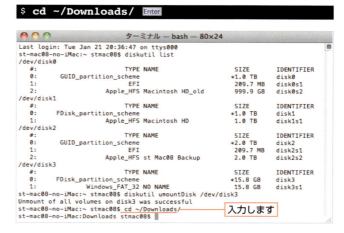

入力します

7 「dd」コマンドを使ってmicroSDカードにイメージを書き込みます。「if」の後には書き込むイメージファイルを、「of」の後にはmicroSDカードの場所を指定します。microSDカードの場所の指定は、手順5同様に手順4で調べたIDENTIFIERの内容の前に「/dev/」を付加したものを記載します。

```
$ sudo dd bs=1m if=2019-09-26-raspbian-buster.img of=/dev/disk3  [Enter]
```

パスワードを尋ねられるので、ユーザーのパスワードを入力します。
書き込みが開始されます。書き込みは数十分程度かかります。

1 入力します
2 パスワードを入力します

> **NOTE**
>
> **管理者権限が必要**
>
> ddコマンドを利用するには、macOSの管理者権限が必要です。もし、管理者権限がないユーザーで操作している場合は、管理者権限が付与されているユーザーに切り替えてから作業しましょう。

Chapter 2-2 Raspberry Piの初期設定と起動・終了

起動用OSの準備ができたら、Raspberry Piを起動してみましょう。Chapter 2-1でNOOBSを選択した場合は起動後にインストール作業が、イメージを選択した場合は起動後に初期設定が必要です。さらに、システムを安全に終了する方法についても解説します。

Raspberry Piの起動

　Raspberry Piを起動する前に周辺機器を接続しておきます。HDMIポートにディスプレイ、USBポートにキーボードとマウスを接続します。microSDカードスロットにChapter 2-1でOSを書き込んだmicroSDカードを差し込みます。NOOBS Liteを選択した場合は、起動後に必要なパッケージをダウンロードしてインストール作業を進めるため、ネットワーク接続が必要です。LANポートにLANケーブルを接続し、ブロードバンドルーターなどに接続してネットワークが利用できるようにしておきます。

●起動前に周辺機器を接続しておく

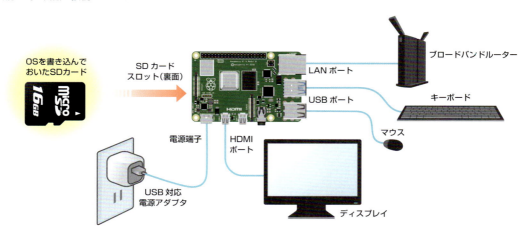

NOTE
無線LANでの接続

Raspberry Pi 4 / 3、Raspberry Pi Zero Wは、標準で無線LANを使ってネットワークに接続が可能です。無線LANで接続する場合は、LANケーブルでの接続は不要です。有線LANに接続していない場合は、インストール時にアクセスポイントへ接続する手順が表示されるので、アクセスポイントに接続する設定を施してネットワークに接続できるようにしておきます。

準備ができたら電源端子にmicroUSBケーブルを利用してACアダプタを接続します。これでRaspberry Piの起動が開始されます。電源が投入されている場合は、PWRランプが点灯します。

●PWRランプで電源が投入されているか確認可能
（写真はRaspberry Pi 4 Model B）

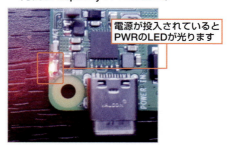

電源が投入されているとPWRのLEDが光ります

NOTE
無線マウスやキーボードの利用

無線マウスやキーボードもRaspberry Piで利用できます。この場合はレシーバーをUSBポートに装着します。ただし、BluetoothマウスおよびキーボードドはRaspberry PiにBluetooth機能がないため利用できません。Bluetooth機器の利用には、Raspberry Pi 4 / 3、Raspberry Pi Zero W、BluetoothレシーバーをUSBポートに接続し、自分で適切な設定を施す必要があります。

POINT
無線LANアダプタの利用

無線LANでネットワーク接続する場合は、無線LANアダプタをUSBポートに接続します（p.87を参照）。もしUSBポートがすべて埋まっている場合は、USBハブを利用してUSBポートを増設する必要があります（p.24参照）。

OSのインストール

NOOBSをmicroSDカードに書き込んだ場合は、起動後にここで解説するOSのインストール作業が必要です。イメージを選択した場合はp.58の「Raspberry Piの初期設定」へ進んでください。

1 OSのインストーラが表示されます。画面下の「Language」で「日本語」を選択すると、インストーラが日本語表示になり、「Keyboard」が「jp」（日本語配列）に自動的に切り替わります。ただしここで日本語を選択した場合でも、インストール後のキーボード設定は英語キーボードになっているなど日本語環境に合っていないのでインストール後に設定が必要となります。

「Language」から「日本語」を選択します

Chapter 2-2 ┃┃┃ Raspberry Piの初期設定と起動・終了

2 一覧からインストールするOSをチェックして選択します。本書では「Raspbian Full」を選択した場合を解説します。選択したら「インストール」をクリックします。

NOTE

Raspbianの種類

インストールOSの選択では複数のRaspbianの種類があります。「Raspbian」は標準インストールです。「Raspbian Full」は、より多くのアプリを標準インストールします。「Raspbian Lite」は、デスクトップ環境がインストールされない軽量版です。

3 確認メッセージが表示されます。インストールを続行する場合は、「はい」ボタンをクリックします。

インストールが開始されます。

4 インストールが完了したらダイアログが表示されるので、「OK」ボタンをクリックします。
Raspberry Piが再起動します。続いて、初期設定をします。

インストールが完了しました
クリックすると再起動します

> **POINT**
>
> **インストール画面を再表示する**
>
> インストール画面は、OSをインストールした後でも再度表示できます。Raspberry Piを起動すると、Raspberry Piのマークが表示されます。この時にキーを押したままにすると、インストール画面を再度表示できます。ここで、他のOSをインストールすることも可能です。

Raspberry Piの初期設定

インストールが完了して再起動すると、初期設定ウィンドウが表示されます。指示に従って進めることでロケールやネットワークの設定などが完了できます。

また、初期設定後に設定をし直したい場合は、「Raspberry Piの設定」を使って設定します（p.77参照）。

1 初期設定ウィンドウが表示されたら「Next」をクリックします。

クリックします

2 利用する言語やロケールを設定します。「Country」は「Japan」、「Language」は「Japanese」、「Timezone」は「Tokyo」を選択します。

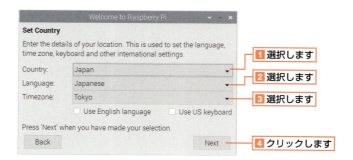

1 選択します
2 選択します
3 選択します
4 クリックします

Chapter 2-2 ▌▌▌ Raspberry Piの初期設定と起動・終了

3 ユーザーのパスワードを設定します。2箇所にパスワードを入力します。このパスワードは管理者権限で実行する場合や、リモートからアクセスする場合に利用します。

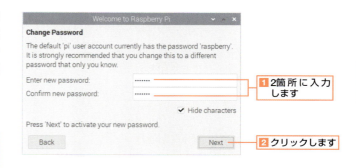

> **NOTE**
>
> **一般ユーザーのアカウント名**
> 設定したパスワードのアカウント名は「pi」となっています。また、パスワードを設定していない場合は「raspberry」がパスワードとなります。

4 画面表示がディスプレイ全体を利用せず、黒い枠がある状態になっている場合は、「This screen shows a black border around the desktop」にチェックします。

5 Raspberry Pi 3、4やZero Wを利用している場合は、無線LANを使ってネットワークに接続できます。接続するアクセスポイント名をクリックしてパスワードを入力します。
なお、無線LANアクセスポイントに接続しない場合は、「Skip」をクリックします。

59

6 アプリなどが更新されていないかを確認します。「Next」をクリックすると、自動的にアップデートが開始されます。また、日本語フォントや仮名漢字入力アプリなどの日本語関連のパッケージも同時に導入されます。
「Skip」をクリックすると、アップデートを省略できますが、日本語関連パッケージが導入されないため、アップデートすることをおすすめします。
なお、アップデートには数十分程度時間がかかります。

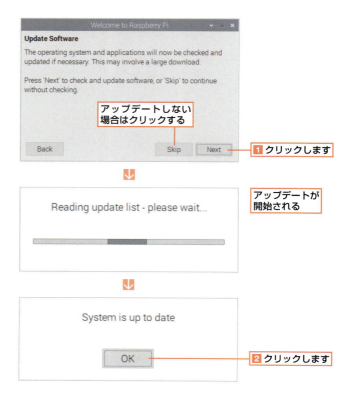

アップデートしない場合はクリックする

1 クリックします

アップデートが開始される

2 クリックします

7 これで設定完了です。「Restart」をクリックすると再起動します。

クリックして再起動します

NOTE

再度初期設定ウィザードを起動する

設定後であっても初期設定ウィザードを実行して、再度設定が可能となっています。アップデートを省略して日本語関連パッケージの導入をしなかった場合は、再度ウィザードを実行することで、インストールが可能です。
起動するには、端末アプリを起動して以下のように実行します。

```
sudo -i piwiz Enter
```

NOTE

パッケージをアップデートする

初期設定ツールでアップデートをしなかったり、後日アップデートをしたい場合には、コマンドを利用することでアップデートが可能です。コマンドは画面左上の ▶_ アイコンをクリックすることで入力可能です。コンソールが起動したら、右のように入力します。

するとパッケージの最新情報を取得します。最新のパッケージがある場合は、右のように入力してアップデートします。

確認メッセージが表示されるので「y Enter」と入力します。

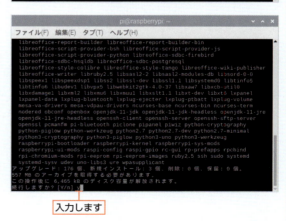

しばらくするとアップデートが完了します。アップデートの内容によっては再起動が必要な場合もあります。

Part 2　Raspberry Piを動作させよう

Raspberry Piの終了（シャットダウン）

　Raspberry Piを終了したい場合は、画面左上にある🍓アイコンをクリックして表示されたメニューから「Shutdown」を選択します。表示されたダイアログで「Shutdown」を選択すると直接電源を切れる状態になります。

● シャットダウンする

NOTE

**シャットダウン操作をすることで
システムを安全に終了できる**

Raspberry Piはファイルの保存にmicroSDカードを使っています。microSDカードは書き込み速度が遅く、ファイル保存処理中に電源ケーブルを抜くなどしてRaspberry Piを強制的に終了してしまうと、ファイルが正常に保存されていない恐れがあります。
シャットダウン操作をして終了すれば、microSDカードへの書き込みが完了するまで待機するため、安全に電源を切ることができます。

NOTE

GPIOリファレンスボード

本書の付録として、Raspberry PiのGPIOピンに対応した、GPIOリファレンスボードを用意しました。このページをコピー機などで原寸コピーして、周辺と中央の灰色部分を切り取って、Raspberry PiのGPIOピンに被せてご使用ください（カラーで作成していますが、白黒印刷しても電源部分は灰色に印刷され、区別しやすいようになっています）。また、このGPIOリファレンスボードの内容をPDFファイルにして、サンプルコードとともにサポートページからダウンロードできるようにしています（サポートページに関してはp.6を参照）。

● GPIOリファレンスボード

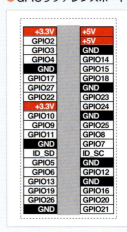

● GPIOリファレンスボード使用例

Part 3

Raspberry Piの
操作と設定

Raspberry Piの操作や設定には、Linuxの知識が必要
です。ここでは、基本的な操作方法や、ディスプレイ
ネットワークなどの設定、アプリの追加方法などにつ
いて説明します。

Chapter 3-1 Raspbian（Linux）の基本操作
Chapter 3-2 Raspberry Piの設定
Chapter 3-3 ネットワークの接続設定
Chapter 3-4 アプリの追加と削除
Chapter 3-5 リモートからのRaspberry Piの操作

Part 3 ｜ Raspberry Piの操作と設定

Chapter 3-1　Raspbian（Linux）の基本操作

RaspbianはLinuxベースのOSです。グラフィカル環境が用意されていますが、WindowsやmacOSなどとは多少の操作や設定方法が異なります。ここでは、Raspbianの基本的な操作方法を解説します。

GUI環境

　RaspbianはLinuxベースのOSで、WindowsやmacOSなどと同様に**GUI**（Graphical User Interface：グラフィカル環境）での操作が可能です。特別な設定を施さない限り、システムを起動すると自動的にGUI環境が起動してデスクトップが表示されます。アプリケーションは、デスクトップ左上の🍓アイコン（ラズベリーのアイコン）をクリックして表示されるツリー状のメニューから起動します。

● GUI環境（デスクトップ環境）

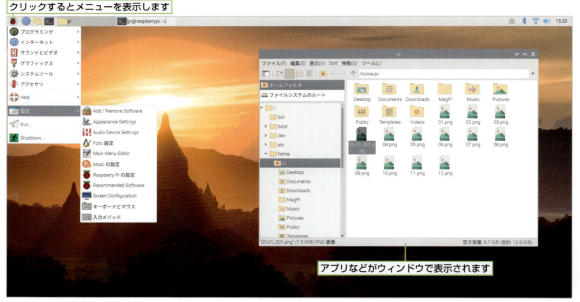

POINT
システムアップグレードを実行した場合
システム全体のアップグレードを実行した場合（p.61を参照）や最新版NOOBSを導入した場合、デスクトップが本書の内容と異なることがあります。本書サポートページ（p.6を参照）で補足情報を随時公開していますのであわせてご確認ください。

CLI環境

Linuxには、テキストのみで操作できる**CLI**（Command Line Interface）も用意されています。Raspberry Piは、一般的なパソコンと比べると非力なマシンなので、グラフィカル環境では処理が重くなりがちです。このような場合は、処理の軽いCLIで操作すると便利です。また、ネットワーク経由での操作の際などにもCLIが活躍します。CLIでは、「**コマンド**」と呼ばれる命令をキーボードから入力して実行します。

● CLI環境

» コンソールと端末アプリ

CLIで操作するには、主に「**端末アプリ**」や「**コンソール**」を利用する方法があります。

「端末アプリ」は、デスクトップを利用している際に、コマンド操作を実行するためのアプリです。アイコンをクリックして「アクセサリ」→「**LXTerminal**」の順に選択すると端末アプリが起動します。ウィンドウ内に**コマンドプロンプト**（p.67参照）が表示され、コマンドが実行できます。

● 端末アプリ（LXTerminal）の起動

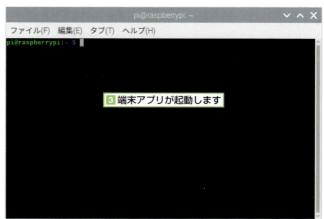

Part 3　Raspberry Piの操作と設定

一方で**コンソール**は、グラフィカルなデスクトップ環境を使わず、画面全体を文字だけで表示して操作する方法です。表示されるコマンドプロンプトの後に実行したいコマンドを入力しながら操作します。

コンソールに切り替えるには、デスクトップ環境の操作時に、 Ctrl と Alt キーを同時に押した状態で、 F1 から F6 のいずれかのキーを押します。 F2 から F6 の場合は「login:」と表示されるので、ユーザー名とパスワードを入力することで操作が可能となります。 F1 の場合はログインは表示されず、直接コマンドプロンプトが表示されます。

デスクトップ画面に戻るには、 Ctrl と Alt キーを押した状態で F7 キーを押します。

● コンソール画面

1. Ctrl と Alt キーを押した状態で F1 から F6 のいずれかのキーを押します
2. ユーザー名を入力します
3. パスワードを入力します
4. コマンドプロンプトが表示されたらコマンドを入力して操作できます

POINT
日本語文字が正しく表示されない場合
初期状態ではコンソール上では日本語文字を表示できません。日本語の表示方法についてはp.116を参照してください。

POINT
起動時にコンソール画面が表示されるようにする
Raspbianでは、デスクトップ環境を起動せずに、コンソール画面を表示するように設定できます。
設定は、デスクトップ左上の🍓アイコンをクリックして「設定」→「Raspberry Piの設定」を選択します。「システム」タブにある「ブート」を「CLI」に切り替えて再起動します。
コンソール画面で起動した場合も、「startx Enter 」とコマンド入力することでデスクトップ環境を起動できます。

● 起動時にCLI環境で操作するように設定

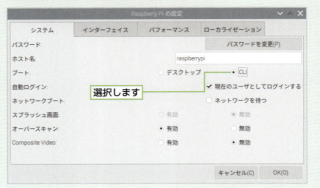

選択します

コマンドの基礎知識

» コマンドプロンプト

コンソールや端末アプリの画面で、コマンド入力ができる状態になっている際に表示されている文字列を「**コマンドプロンプト**」と呼びます。コマンドプロンプトの構造は右のようになっています。

● コマンドプロンプトの構造

コマンドプロンプトには、現在の状況を表す情報が表示されています。左から順に「ログインユーザー名」@「ホスト名」「現在作業中のフォルダ（**カレントフォルダ**）」「プロンプト記号」が表示されています。Raspberry Piの初期状態ではログインしているユーザー名は「pi」、ホスト名は現在利用中のマシンの名前です。カレントフォルダが「**~（チルダ）**」で表示されている場合は、そのユーザーのホームフォルダ（ユーザーが自由に利用できるフォルダ）で作業中であることを示しています。コマンドプロンプトの最後に「**$**」が表示されていれば、この後にキーボードから実行したいコマンドを入力できます。

» コマンドの名前

コマンドには、機能ごとに「名前」（コマンド名）が付いています。コマンド名を指定するとそのコマンドが実行され、Raspberry Pi内で処理されて画面にコマンドの結果が表示されます。

カレントフォルダにどのようなファイルやフォルダが存在するかを表示するには、「**ls**」というコマンドを利用します。lsコマンドを実行するには、コマンドプロンプトが表示されている状態で「ls」と入力して Enter キーを押します。すると、現在のフォルダ内にあるファイルが一覧表示されます。

● コマンドの実行

> **NOTE**
>
> **コマンドの実体はファイル**
> lsコマンドは「ファイルを一覧表示する」といった処理をするプログラムです。そう聞くと、コマンドは一見特殊なものに感じられるかもしれません。しかし、コマンドの実体はファイルです。ワープロで文書を作成して保存したときに作成されるファイルと同じです。例えばlsコマンドは/binフォルダの中にある「ls」というファイルが実行されています。
> コマンドファイルは、コンピュータが理解できる言葉で書かれているため、コマンドファイルを閲覧してもそのままでは人間には（普通は）理解できません。ちなみに、コマンドファイルの中には**スクリプト**と呼ばれる、処理の手順を記述してある形式もあります。この形式の場合は、ファイルの内容を参照してどのようなプログラムであるかを確認できます。
> ただし、「cd」など一部のコマンドはシェル内にあらかじめ組み込まれており、ファイルとして存在しないものもあります。

» コマンドの拡張機能を利用できる「オプション」

各コマンドでは、より詳しい情報を得たり、拡張機能を利用したりできます。例えばlsコマンドには、フォルダにあるファイルについて、更新日や容量などといったより詳しい情報を得る機能が搭載されています。

このようなコマンドの拡張機能を利用するために指定するのが「**オプション**」です。オプションはコマンドの後に記号や文字列で指定します。例えばlsコマンドでより詳しいファイルの情報を得たいなら「ls」の後に「-l」オプションを指定します。この時、必ず「ls」と「-l」の間にはスペースを入力します。すると、先ほどの結果より詳しい情報が表示されます。

オプションは「-l -h」のようにスペースで区切りながら複数指定したり、「-lh」のようにアルファベット部分を続けて指定したりもできます（-l -hと-lhは同じ機能）。

さらに、オプションの中にはより長い文字列と組み合わされる場合もあります。長い文字列のオプションには、一般的に「--」がオプションの頭に付加されます。例えば「-l」は「--format=long」とも記述できます。

●オプションの指定

●長いオプションの指定

POINT

オプションに利用される記号

通常、オプションの始めにはマイナス（-）記号を付けます。ただし、コマンドによってはマイナスが不要な場合もあります。さらに、プラス（+）記号を利用するコマンドも存在します。

Linuxで利用できる主要なコマンド

Linuxには豊富なコマンドが用意されています。ここで、主要なLinuxコマンドを紹介します。

● 覚えておきたいコマンド

コマンド	用途	使用例
pwd	現在のフォルダ（カレントフォルダ）の場所を表示します	pwd
cd フォルダ	指定したフォルダへ移動します	cd images
ls	現在のフォルダ内にあるファイルやフォルダを一覧表示します	ls
mv ファイル1 ファイル2	ファイル1の名前をファイル2に変更します	mv oldfile.txt newfile.txt
mv ファイル フォルダ	指定したファイルをフォルダ内に移動します	mv targetfile.txt movefolder
cp ファイル1 ファイル2	ファイル1をファイル2として複製します	cp srcfile.txt copyfile.txt
cp -r フォルダ1 フォルダ2	フォルダ1をフォルダ2として複製します	cp -r srcfolder copyfolder
rm ファイル	指定したファイルを削除します	rm trashfile
rm -rf フォルダ	指定したフォルダを削除します	rm-rf rubbishfolder
mkdir フォルダ	指定したフォルダを新規作成します	mkdir newfolder
ln -s ファイル1　ファイル2	ファイル1をファイル2としてリンクを作成します	ln -s /usr/share/targetfile linkfile
find フォルダ -name ファイル名	指定したファイルを指定したフォルダ内から探します	find /home -name findfile.txt
cat ファイル	指定したファイル内の内容を一気に表示します	cat textfile.txt
less ファイル	指定したファイルをカーソルキーを使いながら自由に閲覧します	less textfile.txt
grep "検索文字列" ファイル	文字列を指定したファイルから探し出します	grep "Raspberry Pi" textfile.txt
nano ファイル	指定したファイルを編集します	nano textfile.txt
chmod モード ファイル	指定したファイルについて、許可する操作（読み込み、書き出し、実行）を指定します	chmod +x cmdfile
chown ユーザー ファイル	ファイルの所有者を変更します	chown pi targetfile
ps	現在実行中のプロセス（プログラム）を一覧表示します	ps
ps ax	現在実行中の全てのプロセスを一覧表示します	ps ax
kill -9 プロセス番号	指定したプロセスを強制終了します	kill -9 5826
sudo コマンド	指定したコマンドを管理者権限で実行します	sudo nano settingfile.conf

p.268のAppendix-1「Linuxコマンドリファレンス」で主要なコマンドの使用方法を説明しています。

便利なコマンド操作機能

Lコマンドはキーボードから文字を入力して実行します。しかし、何度も同じコマンドを実行するのに、その都度コマンドを入力し直すのは手間です。さらに、長いファイル名を指定する場合など、1文字ずつ入力するのは面倒な上、文字入力を間違える恐れもあります。

Linuxにはコマンド入力をアシストする便利な機能が用意されています。ここではそのいくつかを紹介します。

» 履歴機能

コマンド入力を補助する機能の1つが「**履歴機能**」です。履歴機能は、以前入力したコマンドを呼び出す機能です。入力したコマンド（オプションなどを含めた文字列）を再表示する機能で、例えばコマンド入力中に入力ミスをしてしまい、実行してもエラーになってしまったような場合でも、履歴機能を用いて入力した文字列を再表示すれば、容易に修正できます。また、同じような操作を繰り返し実行する場合にも履歴機能は役立ちます。

履歴機能は、キーボードのカーソルキーの↑キーを入力すると以前の履歴を表示し、↓キーを入力すると現在表示しているものより後の入力履歴を表示します。

例えば「cat document.txt」を間違えて「cet document.txt」と入力しEnterキーを押してしまった場合、catコマンドが実行されずにエラーメッセージが表示されます。再度catコマンドの実行を試みる場合は、↑キーを1度押して前の履歴を表示してから、←→キーでカーソルを修正文字まで移動し、間違いを訂正して実行します。

↑を続けて入力することでさらに以前の履歴が表示されます。履歴表示が行き過ぎてしまった場合は↓キーを入力することで履歴を戻せます。

今まで入力したコマンドを一覧表示する場合は「**history**」コマンドを使用します。

●前に入力した履歴の呼び出し

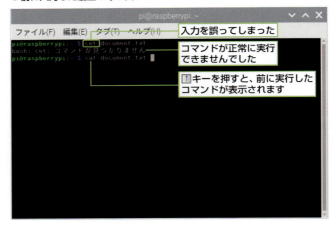

●入力履歴を一覧表示する

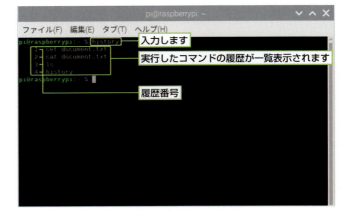

リストの左側に表示されている番号は「履歴番号」と呼ばれ、今まで入力したコマンドごとに番号が割り振られていきます。この履歴番号を利用してコマンドを実行することもできます。履歴番号「2」のコマンドを実行する場合は「!」記号の後に履歴番号を指定して実行します。

● 履歴番号を指定してコマンドを実行する

ただし、履歴番号で指定した場合は、実行するコマンドの確認作業等はなく即時実行されるので注意が必要です。

「!」記号を用いた履歴機能には次表のようなものも利用できます。

● 履歴機能の操作方法

履歴指定	意味
!履歴番号	指定した履歴番号のコマンドを実行する
!-数	現在から指定した数以前のコマンドを実行する
!!	ひとつ前のコマンドを実行する
!文字列	指定した文字列から始まるコマンドで最も直近のコマンドを実行する
!?文字列?	指定した文字列を含むコマンドで最も直近のコマンドを実行する

» **補完機能**

コマンド入力を補助するもう1つが「**補完機能**」です。ユーザーが途中まで入力した情報を手がかりに、その後の文字を推測して自動的に補完入力する機能です。長いファイル名やフルパス（フォルダ構造のトップから順に階層を記述したパス。絶対パス。p.76参照）でファイルを指定して入力する場合や、コマンドの綴りがうろ覚えだった場合などでも役立ちます。

補完機能を利用するにはTabキーを入力します。例えば「history」コマンドを入力する際に、「hi」まで入力してTabキーを押すと、残りの「story」が補完されます。

● コマンドの補完入力

補完候補が複数存在する場合はビープ音が鳴り、補完されません。再度 Tab キーを押すと補完候補が一覧表示されます。

「h」と入力してからキーを押すと何も補完されません。その後、もう一度 Tab キーを押すと、「h」から始まるコマンドの候補が一覧表示されます。

● 補完候補の一覧

補完候補は「h2ph」「halt」「hash」「history」など約20個のコマンドが表示されました。

前述したように、コマンドのみならず、ファイルやフォルダ名に対しても補完機能が利用できます（コマンド入力を補完する機能なので、先にコマンドを指定する必要があります）。

例えば、作業フォルダ内の「document_202001_plan.txt」ファイルを「cat」コマンドで閲覧する場合、「cat」の後にスペースを入力した後「d」と入力して Tab キーを押すと、ファイル名が補完されます。

先頭の数文字が同じであるような、複数の補完ファイル名候補があった場合は、コマンド補完の際と同様にビープ音が鳴り、再度 Tab キーを押すことで候補を一覧表示します。例えば「document_202001_plan.txt」「document_20201011.txt」「document.txt」などが作業フォルダにあった場合、「d」を入力して Tab キーを押すと、3ファイル共通の「document」までが補完されます。次に「_」を入力して再度 Tab キーを押すと、2ファイル共通の「docunent_2020」までが補完されます。さらに「0」を入力して Tab キーを押すと、「document_202001_plan.txt」とファイル名の最後まで補完します。

● 途中まで確定しながら補完入力を行う

テキストの編集（テキストエディタ）

Raspberry Piで動作させるプログラムを作成する際や、Raspbianの設定やインストールアプリの設定変更で設定ファイルを編集する際に、テキスト形式のファイルを編集します（ただし、システム環境の設定変更などでは管理者権限での編集の必要があります。それについてはp.75で解説）。テキストファイルの編集には**テキストエディタ**を使用します。テキストエディタはGUI（デスクトップ）環境、CLI（コンソール、端末ソフト）環境のそれぞれに用意されています（それぞれの環境用のテキストエディタを使用します）。

GUI環境でテキストファイルを編集したい場合は「**Mousepad**」を使用します。アイコンをクリックして「アクセサリ」→「Text Editor」の順に選択すると、テキストエディタが起動します。

編集したいテキストファイルを開くには、Mousepadの「ファイル」メニューから「開く」を選択します。あとは、一般的なテキストエディタ同様に編集作業をします。

●GUI環境用のテキストエディタ（Mousepad）の起動

CLI環境でテキスト編集する場合は、「**nano**」を使用します。

ファイルの編集は、「nano」コマンドの後に編集したいファイル名を指定します。

例として「/usr/share/python_games」フォルダーに保管されているwormy.pyを、ホームフォルダーにコピーして編集してみます。

●CLI環境用のテキストエディタ（nano）でのテキストファイル編集

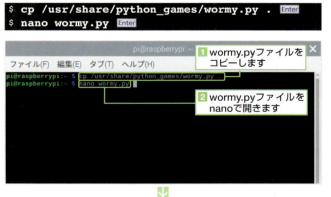

cpコマンドでwormy.pyをコピーした後、nanoコマンドに続けてwormy.pyを指定して実行します。

POINT
GUI環境でもnanoを使える
デスクトップ環境を利用している場合でも、端末アプリからnanoを起動して使用できます。

ファイル編集は、カーソルキーでカーソルを移動して文字の編集や削除などをします。

ファイル編集が終了したら、変更内容を保存します。保存には Ctrl + X キーを押します。すると保存するかしないか尋ねられます。「y」と入力すると、保存先を尋ねられるのでファイル名を指定します。編集ファイルを上書きする場合はそのまま Enter キーを押します。 Ctrl + X キーを押して「n」と入力すると、変更内容を保存せずにnanoを終了します。

POINT
ファイル保存後に編集を続ける場合
編集中にファイルの内容を保存する場合は、Ctrl + O キーを押します。保存後もテキストエディタは終了せず、引き続き編集が可能です。

● 編集内容の保存

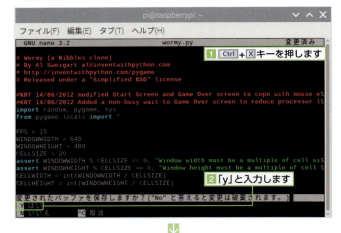

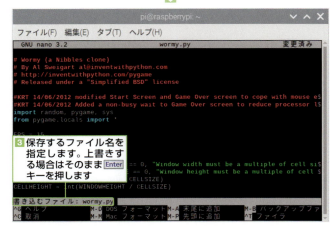

POINT

文字列の検索

長いテキストファイルの場合、変更したい場所がどこにあるか探し出すのに手間がかかります。この場合は文字列の検索機能を利用します。
検索を行うには [Ctrl]+[W] キーを押します。次に検索したい文字列を入力して [Enter] キーを押します。すると、カーソルの位置から一番近い文字列の場所にカーソルが移動します。さらに同じ文字列で検索を行う場合は、[Ctrl]+[W] キーを押してから何も入力しないで [Enter] キーを押します。

管理者権限でのコマンド実行やテキストエディタでの編集

Raspbian起動時にユーザー名（デフォルトユーザーは「pi」）とパスワードを入力したことからも分かるように、Linuxはマルチユーザー OSです。デフォルトユーザーのpiは一般ユーザーで、システムのセキュリティ保護のため実行できる権限を制限されています。

piのような一般ユーザーの他に、Linuxには**管理者権限**を持った特別なユーザー（「**ルート**」「**スーパーユーザー**」などともいいます）があります。管理者はシステムやサーバーなどの設定を変更することができます。

例えば、システムのユーザーパスワードが保存されているファイル（/etc/shadow）を、一般ユーザー（pi）権限で閲覧しようとすると、「許可がありません」とエラーが表示され、ファイルの内容が表示できません。

このように、権限がなくて利用できないファイルを扱うには、管理者権限への昇格が必要です。Raspbianで一般ユーザーが管理者権限へ昇格してコマンドを実行するには、「**sudo**」コマンドを利用します。右のように「sudo」の後に管理者権限で実行したいコマンドを指定します。

●権限がないファイルは閲覧できない

●管理者権限でコマンドを実行する

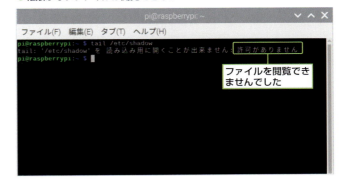

POINT

sudoコマンドは登録ユーザーのみ利用可能

権限昇格が可能なsudoは、sudoが利用できるユーザー（sudoers）に登録されているユーザーのみが利用できるコマンドです。初期登録ユーザーであるpiは、初期状態でsudoersに登録されています。

編集に管理者権限が必要なファイル（システムの設定ファイルなど）を編集する場合は、sudoコマンドでテキストエディタを起動します。

GUIテキストエディタを使用する場合は、端末アプリからsudoコマンドで「Mousepad」を起動して編集します。

CLI環境であれば、同様に「nano」を使用します。

● GUIテキストエディタを管理者権限で起動する
```
$ sudo mousepad /etc/hosts Enter
```

● CLIテキストエディタを管理者権限で起動する
```
$ sudo nano /etc/hosts Enter
```

管理者権限でのテキストファイルの編集・保存方法は、一般ユーザーと同じです。

NOTE

パス（PATH）

パスは、パーティション内のファイルやフォルダの場所を示す文字列です。Linuxでは、フォルダ階層の元になる階層を「/」（ルートフォルダ）と表記し、さらに深い階層のフォルダも「/」で区切って表記します。

例えば、ルートフォルダの下の「home」フォルダ内にある、piユーザーのホームフォルダ「pi」フォルダ内にある「Desktop」フォルダは次のように表記します。

/home/pi/Desktop

フォルダ表記で使用する特殊な記号は次の通りです。

記号	意味
/	ルートフォルダ
./	現在作業中のフォルダ（カレントフォルダ）
../	現在作業中のフォルダの1つ上のフォルダ（親フォルダ）
~/	現在ログイン中のユーザーのホームフォルダ

パスをルートフォルダから表記したものを「絶対パス」（あるいはフルパス）と呼び、作業中のフォルダからの相対位置で表記したものを「相対パス」と呼びます。前述の/home/piは絶対パスです。/homeフォルダで作業中に、上記のDesktopフォルダを相対パスで表記する場合は、次のように表記します。

pi/Deaktop

POINT

一般ユーザーを管理者権限に切り替えて実行する

セキュリティ上の安全性を重視して、本書では管理者権限への昇格が必要な作業は、基本的にsudoコマンドをその都度実行して作業するように解説しています。もし、管理者権限でコマンドを連続して実行する場合は、オプションに「-s」を付与することでシェルが管理者で実行され、この後のsudoを指定する必要がなくなります。

```
$ sudo -s Enter
```

コマンドプロンプトが「#」に変更し、以降コマンドを管理者権限で実行できます。管理者権限から一般ユーザーへ戻るには、次のように実行します。

```
# exit Enter
```

Chapter 3-2 ｜ Raspberry Piの設定

Chapter 3-2　Raspberry Piの設定

Raspberry Piの設定ツールを利用することで、機能やパスワードなどの設定ができます。また、初期設定した設定項目も、設定メニューから再設定が可能です。ディスプレイは専用のツールで解像度などの設定ができます。Raspberry Pi 4の場合はマルチディスプレイの設定もできます。

「Raspberry Piの設定」ツールで設定

　Raspberry Piの設定については、「**Raspberry Piの設定**」ツールで一括して設定することが可能です。パスワードやロケールなどといった初期設定で選択した設定以外にも、ログイン方法、カメラや各種インタフェースの有効化などに設定も可能となっています。

　Raspberry Piの設定ツールを起動するには、アイコンをクリックして、「設定」➡「Raspberry Piの設定」の順に選択します。

● Raspberry Piの設定の起動

77

Raspberry Piの設定ツールは、上部のタブで設定項目を切り替えます。設定が完了したら、各タブの「OK」ボタンをクリックすることで設定が完了します。項目によっては、設定の反映にシステムの再起動が必要な場合があります。その場合は表示されたダイアログに従って再起動します。

● Raspberry Piの設定

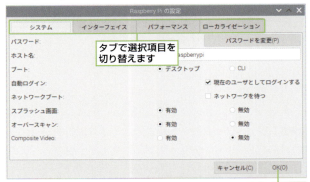

「システム」設定

「システム」タブでは、パスワードやログイン方法、ディスプレイの解像度などが設定可能です。

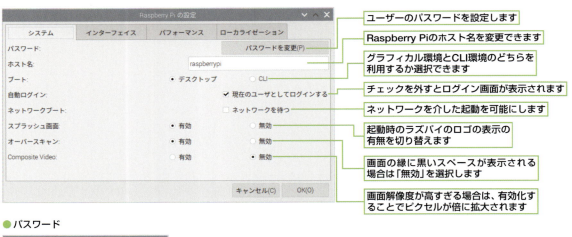

● パスワード

NOTE

ウィンドウ枠がずれる場合（オーバースキャン機能の無効化）
マインクラフトなどのアプリケーションを実行した際に、画面とウィンドウ枠がずれて表示されることがあります。これは、**オーバースキャン**機能が正しく位置合わせできていないためです。そのような場合は、オーバースキャン機能を無効化することで、正しく表示されるようになります。

「インターフェイス」設定

「**インターフェイス**」設定では、カメラやリモートアクセス、各種通信機能の有効・無効を設定できます。なお、一部の機能は再起動後に設定が有効になります。

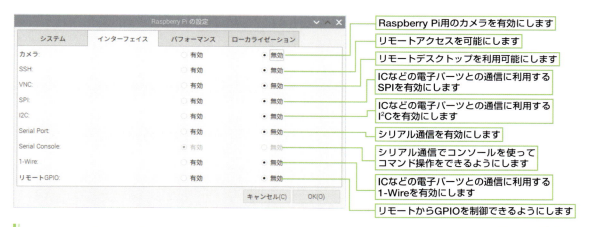

「パフォーマンス」設定

「**パフォーマンス**」設定では、CPUの動作クロックやグラフィック機能のメモリー容量を変更できます。なお、使い方が分からない場合はそのままの状態にした方が無難です。

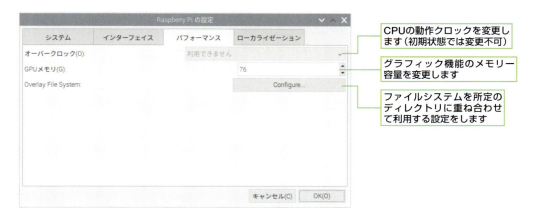

「ローカライゼーション」設定

「**ローカライゼーション**」設定では、利用地域を設定するロケールや、言語、時間、キーボードなどの設定が可能です。初期設定で設定をし忘れた場合でも、ここで再設定が可能です。

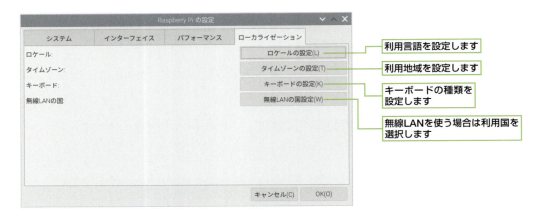

● ロケール

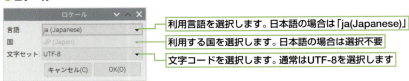

● タイムゾーン

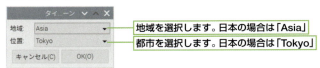

● キーボード

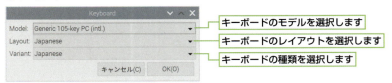

● 無線LANを使用する国

NOTE

CLIでの設定ツール

Raspberry Piには、CLI環境で利用できる「Raspberry Pi Software Configuration Tool」(raspi-config) という設定ツールが搭載されています。グラフィカル環境が使えない場合でも、この設定ツールを使うことで設定が可能です。また、オーディオの出力先といった、Raspberry Piの設定ツールにない設定項目も、raspi-configで設定できます。
raspi-configを起動するには、コマンドで右のように実行します。

ディスプレイの設定

ディスプレイの表示する解像度や向きなどを設定する場合には「**Screen Configuration**」ツールを利用します。🍓アイコンをクリックして、「設定」➡「Screen Configuration」の順に選択して起動します。

● Screen Configurationの起動

設定ツールが起動すると、認識したディスプレイが四角い領域として表示されます。

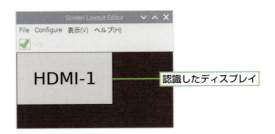

表示解像度を変更する場合は、ディスプレイの名前の上で右クリックして表示されたメニューから「解像度」を選択します。すると変更可能な解像度の一覧が表示され、選択できます。

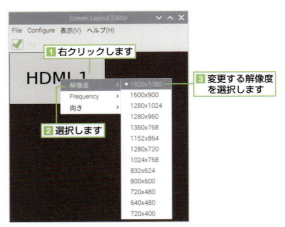

リフレッシュレートを変更したい場合は、ディスプレイの名前の上で右クリックして表示されたメニューから「Frequency」を選択します。表示されたリフレッシュレートから選択します。

画面を縦置きにしたり、逆さに設置した場合は、画面を表示する向きを変更することで正しい向きに表示できます。向きを変更する場合は、ディスプレイの名前の上で右クリックして表示されたメニューから「向き」を選択します。「normal」はディスプレイの標準の向きに、「right」は右に90度回転した向き、「inverted」は180度回転した向き、「left」は左に90度回転した向きに変わります。

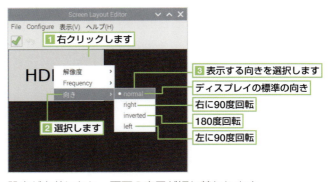

設定できたら画面左上の✓をクリックします。設定が有効になり、画面の表示が切り替わります。

» マルチディスプレイの設定

Raspberry Pi 4 Model BにはHDMI出力が2つあります。2台のディスプレイを接続して**マルチディスプレイ**で利用する場合は、HDMI-0とHDMI-1（端子の場所はp.29参照）のそれぞれの端子にディスプレイを接続してRaspberry Piを起動します。すると、ディスプレイを自動認識して両画面に表示されます。

この状態で「Screen Configuration」を起動すると、HDMI-1とHDMI-2の2つのディスプレイが認識されているのがわかります。それぞれのディスプレイの解像度や向きなどを右クリックして設定できます。また、ドラッグすることでディスプレイの配置を指定することができます。

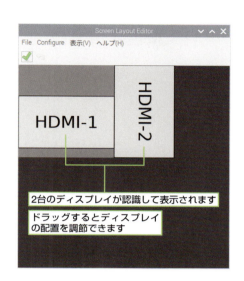

例えば、2台のディスプレイを接続して一方のディスプレイを縦向きに配置した運用も可能です。

● 2台のディスプレイを利用した例

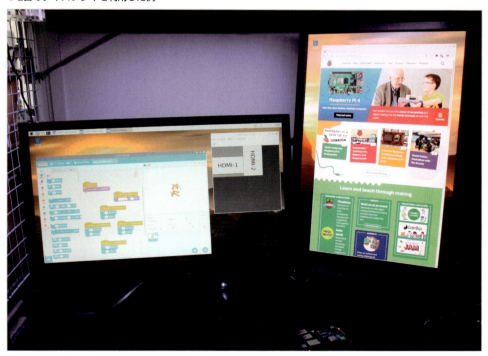

Chapter 3-3 ネットワークの接続設定

Raspberry Piのほとんどのモデルにはネットワークアダプタがあり、ケーブルを接続すればネットワークにアクセスできます。固定IPアドレスでの運用も可能です。さらに、Raspberry Pi 3、4、Zero Wは標準で、他のモデルでも無線LANアダプタをUSBポートに接続することで無線LANでの接続もできます。

ネットワーク情報の確認

　Raspberry Pi Model B+、Raspberry Pi 2 Model B、Raspberry Pi 3 Model B / B+、Raspberry Pi 4 Model BにはEthernetポートがあり、ネットワークケーブルを差し込んでブロードバンドルーターなどに接続することでネットワーク接続できます。RaspbianではDHCPクライアントが起動しているため、ブロードバンドルーターなどでDHCPサーバーが稼働しているネットワーク環境であれば、自動的にネットワーク設定されます。

　自動設定されたネットワーク情報を確認したい場合、画面右上の⇅アイコンにマウスポインタを合わせると表示されます。

　ネットワーク設定はコマンドで調べることもできます。端末アプリを起動して「**ip**」コマンドを実行します。この際「a」とサブコマンドを指定します。デバイス名「eth0」に表示される情報が有線接続のLAN情報です。IPアドレスやネットマスク（サブネットマスク）などの情報が表示されます。

●ネットワーク情報の確認

●コマンドによるネットワーク情報の表示

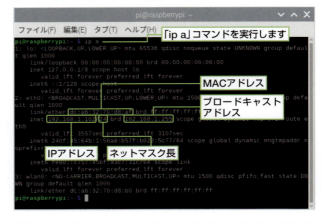

> **NOTE**
>
> **無線LANのネットワーク情報**
>
> 無線LAN接続している場合、ネットワーク情報は「wlan0」項目に表示されます。無線LANアダプタの接続状態を確認したい場合については、p.87を参照してください。

> **NOTE**
>
> **EthernetポートがないRaspberry Piで有線ネットワークを利用する方法**
>
> Raspberry Pi Model A / A+、3 A+、ZeroにはEthernetポートがありません。有線ネットワークを利用する場合は、USBポートにUSBネットワークアダプタを接続して利用します。ただし、いずれもUSBポートが1つしかないため、他のUSB機器と併用する場合はUSBハブを用いる必要があります。Raspberry Pi ZeroはUSBポートがmicroUSBなので、一般的なUSBネットワークアダプタを利用する場合は、変換コネクタかmicroUSB接続のUSBハブ等が必要です。

Keyword

ネットワークアダプタのデバイス名
Linuxでは、マシンに搭載した各デバイスを区別する「デバイス名」が設定されています。有線LANアダプタには「eth0」が割り当てられています。追加でUSBポートに有線LANアダプタを接続した場合は、「eth1」「eth2」といった具合に末尾の数字を変えたデバイス名が割り当てられます。

» 固定IPアドレスに設定する

DHCPクライアントで自動的にネットワーク情報を設定して接続する運用では、リモートでRaspberry Piを管理したい場合や、Raspberry Piでサーバー機能を利用する場合に不都合です。そのような場合は、Raspberry PiのIPアドレスを固定して**固定IPアドレス**で運用します。

固定IPアドレスの設定は、デスクトップ環境であればNetwork Preferencesツールを使ってできます。

1 画面右上の⇅上で右クリックして「Wireless & Wired Network Settings」を選択します。

2 「Configure」の右の項目で「eth0」を選択し、「Automatically configure empty options」のチェックを外します。「IPv4 Address」に設定したIPアドレスとネットマスク長を「/」で区切って入力します。「Router」にデフォルトゲートウェイ、「DNS Servers」にDNSサーバーのIPアドレスを入力します。
入力したら「適用」ボタンをクリックし、その後Raspberry Piを再起動します。これで、指定したIPアドレスが設定されます。

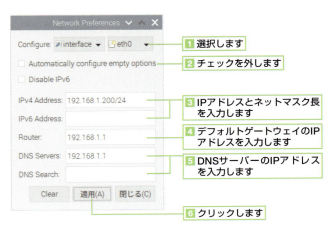

Part 3 Raspberry Piの操作と設定

» 設定ファイルに直接設定する

　グラフィカルな設定ツールを使わなくてもネットワークの設定ファイルに直接設定も可能です。デスクトップ環境が必要ないため、CLI環境で設定できます。

　設定ファイル「/etc/dhcpcd.conf」に次表のネットワーク設定を施します。「値の例」は執筆環境での設定例ですので、実際の設定は自分の環境に読み替えて設定してください。

●ネットワークの設定項目と対象ファイル

項目	値の例	設定項目
対象のネットワークインタフェース	eth0	interface
IPアドレス	192.168.1.200	ip_address
ネットマスク長	24	ip_address
デフォルトゲートウェイ	192.168.1.1	routers
DNSサーバー	192.168.1.1	domain_name_servers

1 端末アプリを起動し、管理者権限で/etc/dhcpcd.confファイルをテキストエディタで開きます。

●GUIテキストエディタの場合
```
$ sudo mousepad /etc/dhcpcd.conf Enter
```

●CLIテキストエディタの場合
```
$ sudo nano /etc/dhcpcd.conf Enter
```

> **NOTE**
> **nanoの操作方法**
> nanoの詳しい操作方法についてはp.73を参照してください。

2 「interface」項目に、設定対象のネットワークアダプタ「eth0」を指定します。各設定項目の行頭には、固定を表す「static」を記述します。
「ip_address」にIPアドレスとネットマスク長を、「routers」にデフォルトゲートウェイの値を、「domain_name_servers」にDNS（ネーム）サーバーの値を、それぞれ指定します。

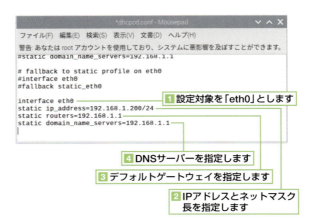

Chapter 3-3 ┃┃ ネットワークの接続設定

3 ファイルを保存してテキストエディタを終了します。

4 設定が完了したら、修正したネットワーク設定を適用します。端末アプリで右のようにコマンドを実行します。
これで、固定IPアドレスが設定されました。もしネットワーク接続が上手くいかない場合は、設定内容を再確認してください。

```
$ sudo /etc/init.d/dhcpcd restart  Enter
```

無線LANに接続する

Raspberry Pi 3 A+ / B / B+、Raspberry Pi 4 B、Raspberry Pi Zero Wは無線LAN機能を搭載しているので、単体で無線LANネットワークに接続できます。またこれら以外のRaspberry Piでも、USBポートに無線LANアダプタを装着することで無線LAN接続が可能になります。

Raspberry Pi A+、ZeroにはUSBポートが1つしかないので、USB無線LANアダプタを装着するためには別途USBハブを利用する必要があります（ZeroはmicroUSB接続のUSBハブ）。USBハブを利用する場合は、Raspberry Piの電力消費を抑えるため、電源供給が可能なUSBハブ（セルフパワー方式）を選択すると良いでしょう。

🖐 POINT

利用可能な無線LANアダプタ

Linuxは多くの無線LANアダプタに対応しており、ほとんどのケースではRaspberry Piに装着するだけで利用できます。しかし、比較的新しい無線LANアダプタの一部（特に5GHz対応のもの）では、Linux用ドライバが用意されておらず利用できないこともあります。IEEE 802.11 acなど最新規格の無線LANアダプタではなく、IEEE 802.11 b/g/nなど広く普及している無線LANアダプタを選択するとトラブルが少ないはずです。本書ではLogitec社の「LAN-W150NU2A」で動作を確認しています。

📖 NOTE

供給可能電力とセルフパワー方式の USB ハブについて

Raspberry Piが他の機器に供給できる電力、および独自に電源から電力を取得可能なUSBハブについてはp.36を参照してください。

📖 NOTE

ネットワークの利用地域の選択

無線LANを使う場合には、利用地域を設定しておく必要があります。設定は「Raspberry Piの設定」ツールを起動し、「ローカライゼーション」タブの「無線LANの国」で「JP Japan」を選択しておきます（詳しくはp.80を参照）。

USB無線LANアダプタをRaspberry Piに接続すると、自動認識して必要なドライバを読み込みます。接続する無線LANアクセスポイントを選択してパスフレーズを設定することで、無線LAN通信ができるようになります。

Part 3　Raspberry Piの操作と設定

≫ パネルから無線LANを設定する

1 画面右上の⇅アイコンをクリックすると、近くにあるアクセスポイントが一覧表示されます。接続するアクセスポイントを選択します。

2 アクセスポイントで設定されているパスフレーズを入力して、「OK」をクリックします。

3 これで無線LANアクセスポイントへ接続されます。接続が成功すると、右上の⇅が📶に変わります。

POINT

無線LANに固定IPアドレスを設定する

無線LANも、有線LAN同様に固定IPアドレスを設定します。p.85同様に、📶アイコンを右クリックして「Wireless & Wired Network Settings」を選択します。Configure項目で「wlan0」を選択し、無線LANに設定するIPアドレスやゲートウェイ、DNSサーバーなどの情報を入力します。設定が終わったら「適用」ボタンをクリックします。

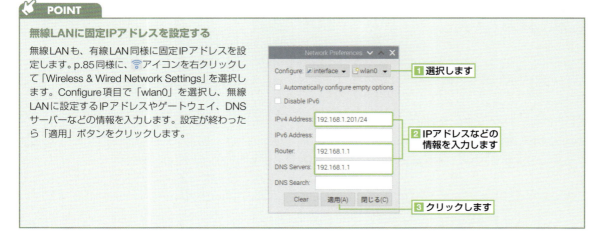

88

» 設定ファイルを編集して無線LANを設定する

　設定ツールを利用しなくても、設定ファイルをテキストエディタで編集することで無線LAN接続の設定が行えます。設定には次の情報が必要です。各情報は「/etc/wpa_supplicant/wpa_supplicant.conf」ファイルに記述します。

● 無線LAN接続の設定項目と対象ファイル

項目	値の例	設定項目
SSID	hikanet	ssid
鍵交換方式	WPA-PSK	key_mgmt
パスフレーズ	password	psk

1 端末アプリを起動し、管理者権限で/etc/wpa_supplicant/wpa_supplicant.confファイルをテキストエディタで開きます。

● GUIテキストエディタの場合
```
$ sudo mousepad /etc/wpa_supplicant/wpa_supplicant.conf Enter
```

● CLIテキストエディタの場合
```
$ sudo nano /etc/wpa_supplicant/wpa_supplicant.conf Enter
```

2 設定は「network={」と「}」の間に記述します。接続するアクセスポイントのSSIDを「ssid」項目に記述します。次に、アクセスポイントに設定されたパスフレーズを「psk」に記述します。さらに、鍵交換方式を「key_mgmt」に記述します。一般的に利用されている家庭用無線LANアクセスポイントの場合は、鍵交換方式を「WPA-PSK」とします。

> **NOTE**
>
> **nanoの利用方法**
>
> nanoの利用方法についてはp.73を参照してしてください。

> **NOTE**
>
> **パスフレーズを暗号化する**
>
> パスフレーズは設定ファイルに平文で記述されますが、そのままでは第三者にファイルを盗み見られた場合に漏洩の恐れがあります。暗号化したパスフレーズを設定ファイルに記述すると安全です。
> 暗号化は、次のようにアクセスポイントのSSIDとパスフレーズを指定して実行します。
>
> ```
> $ wpa_passphrase SSID パスフレーズ Enter
> ```
>
> これで、暗号化されたパスフレーズが「psk」に記述されます。この「psk」の項目を、設定ファイルのパスフレーズを記述している「psk」項目と置き換えます。

Part 3 Raspberry Piの操作と設定

3 ファイルを保存してテキストエディタを終了します。

4 設定が完了したらRaspberry Piを再起動して、ネットワークの設定を適用します。

NOTE
無線LANのデバイス名は「wlan0」

有線LAN接続を行う場合は、デバイス名に「eth0」が割り当てられます。無線LANアダプタの場合はデバイス名が「wlan0」となります。また、複数の無線LANアダプタを接続している場合は、「wlan1」、「wlan2」のように最後の数字が増えていきます。

POINT
固定IPアドレスで設定する

ここで解説した方法で無線LANアダプタでネットワークに接続した場合、DHCPサーバーから割り振られたネットワーク設定（動的IPアドレス設定）が行われます。無線LAN接続で固定IPアドレスを設定する場合は、p.86の説明と同様に「/etc/dhcpcd.conf」ファイルを設定します。ただし、無線LANアダプタは「eth0」ではなく「wlan0」項目に設定を記述します。

POINT
無線LANアダプタの状態を確認する

「ip」コマンドを用いれば、先にも説明した通り、無線LANアダプタに割り当てられたIPアドレスやネットマスクなどのネットワーク情報を確認できます。無線LAN接続についての情報を知りたい場合は「iwconfig」コマンドを実行します。接続しているSSIDや通信速度、利用周波数、電波の強さなどの情報が表示されます。

●無線LAN接続情報の表示

Chapter 3-4　アプリの追加と削除

RaspbianはDebianベースのLinuxディストリビューションで、Debianのパッケージを利用できます。Debianには数万に及ぶパッケージが用意されていて、ユーザーが自由にインストールできます。ここではアプリケーションの追加や削除など、パッケージの管理方法を説明します。

パッケージ管理システムとは

　Raspbianを始め、DebianベースのLinuxディストリビューションでは、アプリを「**deb**」というパッケージ方式で配布しています。**パッケージ**とは、アプリの実行に必要なファイルや情報を格納したものです。パッケージ管理システムを利用してインストールすることでアプリを利用できます。

　パッケージ管理システムを利用する場合に注意が必要なのが、「**依存関係**」です。「Aパッケージをインストールする際に、Bパッケージをあらかじめインストールしておく必要がある」、といったパッケージの関連性が、Linuxの各パッケージにはあります。依存するパッケージにさらに依存関係があった場合など、インストールすべきすべてのパッケージを把握して準備するのは簡単ではありません。

●パッケージには依存関係がある

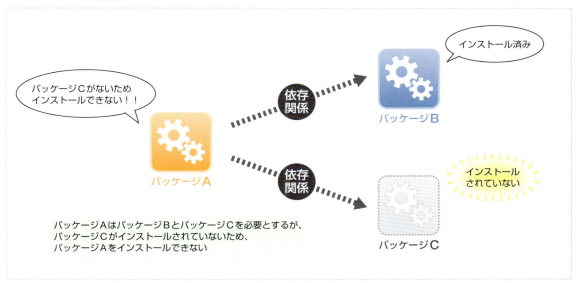

Raspbianには、ベースになったDebianで採用されている「**APT**」（Advanced Packaging Tool）と呼ばれるオンラインに対応した**パッケージ管理ツール**が用意されています。APTは、インストールしたいパッケージ名を指定するだけで、インストールに必要な依存パッケージをネットワーク上のサーバーからダウンロードして自動的にインストール作業を行います。

●APTには自動的に依存関係を解決する機能が実装されている

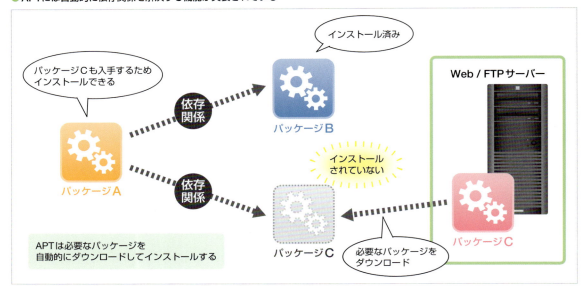

コマンドでアプリを管理する

Raspbianでは、コマンドでパッケージを管理するAPTコマンドが用意されています。APTコマンドを使用すると、対象パッケージの検索、パッケージのインストール・削除・アップデートなどといった操作ができます。

APTコマンドは一般的なコマンドとやや構造が異なり、**apt**コマンドに続けて、サブコマンドを指定して様々な機能を利用します。

> **POINT**
>
> 「apt-get」「apt-cache」コマンド
> aptコマンドは、「apt-get」や「apt-cache」コマンドに置き換えても同様に実行できます。例えば、インストールは「apt-get install パッケージ名」と実行します。

» パッケージ情報をサーバーから取得（apt update）

　APTコマンドでパッケージのインストールを行う際などに、「サーバー上にどのパッケージが存在するか」といった情報をあらかじめ取得する必要があります。Raspberry Pi上にこの情報がなかったり、情報が古かったりすると、インストールしたいパッケージが見つからないなどといった問題が生じます。

　パッケージ情報を取得して更新するには、管理者権限が必要です。sudoコマンドに続けて、aptコマンドの後に「update」サブコマンドを指定して、右のように実行します。

●パッケージ情報をサーバーから取得

```
$ sudo apt update Enter
```

　パッケージ情報は時間が経つと更新されます。APTを操作してからしばらく時間が経過したら、再度apt updateを実行するようにしましょう。

» パッケージの検索（apt-cache search）

　利用したいパッケージを探したい場合は「search」サブコマンドを使います。右のようにapt searchに続けて、検索したいキーワードを指定します。

●パッケージの検索

```
$ apt search "キーワード" Enter
```

　例えば、Webブラウザアプリを検索したい場合は右のように実行します。すると、キーワードを含むパッケージが一覧表示されます。

　各行の初めに表示されている名前（緑文字で表示）がパッケージ名です。パッケージ名は、パッケージのインストールや削除、詳細情報の表示などに利用します。次の行の文章はパッケージの簡単な説明文が表示されます。

　例えば、「arora」はシンプルでクロスプラットフォームなWebブラウザだと分かります。

●パッケージ検索の例

```
$ apt search "web browser" Enter
```

» パッケージの詳細情報を表示（apt show）

パッケージについてさらに詳しい情報を知りたい場合は「show」サブコマンドを用います。右のようにapt showの後に、詳細情報を知りたいパッケージ名を指定します。パッケージ名は検索で調べた各パッケージの名前となります。

例えば、Midoriのパッケージの詳細情報を表示する場合は、右のように実行します。

● パッケージの詳細情報の表示

```
$ apt show パッケージ名 Enter
```

● パッケージの詳細情報の表示例

```
$ apt show midori Enter
```

パッケージをインストールする（apt install）

パッケージ情報を確認してインストールしたいパッケージが見つかったら、インストールしましょう。インストールには「apt」コマンドに「install」サブコマンドを指定して行います。

インストールは管理者権限で実行する必要があるので、sudo apt installの後に、インストールするパッケージ名を指定します。

● パッケージのインストール

```
$ sudo apt install パッケージ名 Enter
```

例えば、Midoriをインストールするには、右のようにコマンドを実行します。実行後、インストールするか「Y/n」で尋ねられるので「y Enter」と入力します。これで、必要なパッケージがダウンロードされ、Raspberry Piにインストールされます。

> **NOTE**
>
> 「-y」オプション
>
> 「sudo apt -y install midori」のように、「-y」オプションを付けて実行すると、問い合わせがあった場合に、すべて「y」を選択して実行します。

● パッケージのインストール例

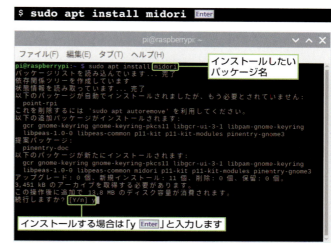

インストールが完了したら、メニューに追加されたアプリケーションの起動メニューを選択するか、端末アプリで起動用コマンド（例では「midori」）を入力することでアプリを起動できます。

● インストールしたアプリの起動

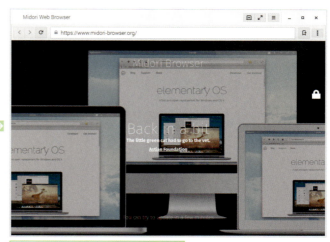

インストールしたアプリが起動しました

パッケージを削除する（apt remove）

パッケージを削除するにはaptコマンドに「remove」サブコマンドを用います。管理者権限でapt removeに続けて削除するパッケージ名を指定します。

例えば、Midoriを削除するには右のように実行します。削除するか尋ねられるので、「y Enter 」と入力します。これで、パッケージがRaspberry Piから削除されます。

NOTE

「-y」オプション

「sudo apt -y remove midori」のように、「-y」オプションを付けて実行すると、問い合わせがあった場合にすべて「Y」を選択して実行します。

● パッケージの削除

```
$ sudo apt remove パッケージ名 Enter
```

● パッケージ削除の例

```
$ sudo apt remove midori Enter
```

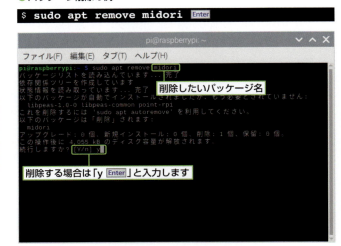

削除したいパッケージ名

削除する場合は「y Enter 」と入力します

POINT

不要な依存パッケージを削除する

パッケージをインストールする際に同時に導入された依存パッケージを削除する場合には、サブコマンドに「autoremove」を指定します。自動的に利用されない依存パッケージのみを選んで削除されます。

```
$ sudo apt autoremove midori Enter
```

パッケージをアップデートする（apt upgrade）

不具合の修正や新機能追加などでアプリケーションが更新された場合、パッケージのアップデートを行いましょう。

パッケージのアップデートは、管理者権限でaptコマンドに「upgrade」サブコマンドを用いて実行します。

● パッケージのアップデート

```
$ sudo apt upgrade パッケージ名 Enter
```

apt upgradeの後にパッケージ名を指定しないで実行すると、システムにインストールされた全パッケージを対象にアップデートを開始します。更新パッケージの一覧が表示されます。更新して良い場合は、「y Enter」と入力します。

●パッケージのアップデート例

NOTE

「-y」オプション

「sudo apt -y upgrade」と「-y」オプションを付けて実行すると、問い合わせがあった場合に、すべて「y」を選択して実行します。

POINT

システムのアップグレードを実行した場合

システム全体のアップグレードを実行した場合、本書で解説している内容と挙動が異なることがあります。アップグレードに伴う補足情報は本書サポートページ（p.6を参照）で随時公開していますので、そちらもあわせてご確認ください。

GUIアプリを使ってパッケージ管理する

APTのGUIフロントエンド「**Add/Remove Software**」を利用すれば、コマンドではなくマウスを使ってパッケージ管理操作を行えます。Add/Remove Softwareを使うには アイコン➡「設定」➡「Add/Remove Software」を選択すると起動します。

●Add/Remove Softwareの起動

> **NOTE**
>
> **パッケージのアップデート**
> 「Options」メニューの「更新の確認」を選択すると、最新のパッケージの情報を取得できます。

» パッケージを探す

目的のパッケージを探すには、画面左にあるカテゴリーを選択して、右に一覧表示されるパッケージから探します。パッケージを選択すると、下にパッケージの説明文が表示されます。

● パッケージを探す

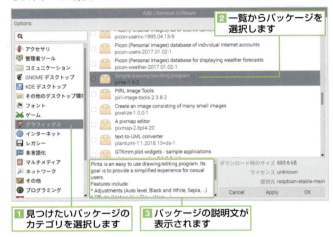

» パッケージの検索

キーワードで関連するパッケージを一覧表示します。左上の検索ボックスにキーワードを入力すると、右に関連するパッケージを一覧表示します。キーワードはパッケージの名称を入力しても検索できます。

● キーワードでパッケージを検索

» パッケージのインストール

1 インストールしたいパッケージを見つけたら、パッケージ名の左にあるチェックボックスをチェックします。「Apply」をクリックします。

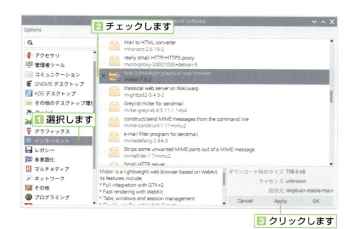

2 パスワードを尋ねられるので、ユーザーのパスワードを入力します。

> **NOTE**
>
> **認証パスワード**
> p.59で設定したパスワードを入力します。もし設定を省略した場合は、「pi」ユーザーの初期設定パスワード「raspberry」を入力します。

3 インストールが開始されます。インストールが完了するとアプリが使用可能になります。

» パッケージの削除

1 不要なアプリを削除する場合には、一覧から削除するパッケージのチェックを外し、「Apply」をクリックします。

2 パスワードを尋ねられるので、ユーザーのパスワードを入力します。

> **NOTE**
>
> **認証パスワード**
>
> p.59で設定したパスワードを入力します。もし設定を省略した場合は、「pi」ユーザーの初期設定パスワード「raspberry」を入力します。

3 削除が開始されます。

Chapter 3-5 リモートからのRaspberry Piの操作

Raspberry Pi上でSSHやVNCサーバーを稼働させると、WindowsやmacOSからネットワーク経由でRaspberry Piを操作できます。リモート管理できればディスプレイやキーボード、マウスなどの周辺機器をRaspberry Piに接続せずに運用可能です。

外部からRaspberry Piを操作する

　Raspberry Pi上でアプリを利用したり、プログラムを作成したりする作業の場合、Raspberry Piにディスプレイやキーボード、マウスなどを接続して操作します。しかし、Part4のサーバー運用や、Part6〜8などの電子工作でセンサーなどの電子回路を接続してRaspberry Piを制御する場合には、一度作成してしまった後は、周辺機器を取り外して運用した方が良いケースがあります。

　このような場合は**リモートアクセス**が便利です。Raspberry Piを他のコンピュータからネットワーク経由で制御する方法です。リモート経由でのプログラムの修正、アプリ運用、サーバー管理などが可能で、ディスプレイやキーボードなどの周辺機器をRaspberry Piから外して運用できます。こうすれば、ディスプレイなどのスペースを省けるだけでなく、各周辺機器の消費電力の削減にもつながります。さらに、Raspberry Piに無線LANアダプタを接続してバッテリー稼働させれば、完全にワイヤレス状態でRaspberry Piを制御することも可能です。

●外部からネットワークを介してラズパイを制御する

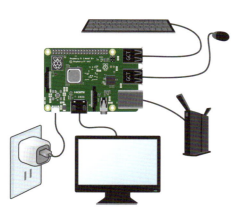

Raspberry Piを操作するにはディスプレイやキーボードなどを接続する必要がある

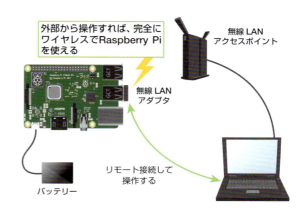

Raspberry Piにキーボードやマウス、ディスプレイを接続しなくても操作が可能

外部マシンからコマンド操作

リモートアクセスの方法の1つに、**SSH**（Secure Shell）を使用する方法があります。WindowsやmacOS上の端末アプリを利用してリモートからRaspberry Piを操作できます。この際、コマンドを使用して操作を行うことになります。またSSHは、通信経路を暗号化するため、情報の漏洩を防げます。

●ネットワークを介してRaspberry Piを制御可能

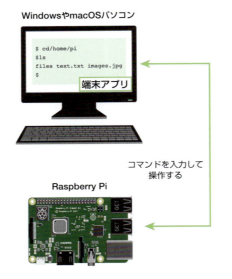

SSHサーバーを起動する

SSHで外部からRaspberry Piにアクセスするには、Raspberry Pi上でSSHサーバーが起動している必要があります。本書で解説するNOOBS 3.2.1を使用している場合、初期状態ではSSHサーバーが起動していません。設定を変更してSSHサーバーを起動します。

1 画面左上の 🍓 アイコンから「設定」➡「Raspberry Piの設定」の順に選択します。

Chapter 3-5 ┃ リモートからのRaspberry Piの操作

2 Raspberry Piの設定で「インターフェイス」タブを選択し、「SSH」を「有効」に切り替えます。「OK」をクリックします。

1 クリックします
2 選択します
3 クリックします

POINT

システムのアップグレードを実行した場合

システム全体のアップグレードを実行した場合、本書で解説している内容と挙動が異なることがあります。アップグレードに伴う補足情報は本書サポートページ（p.6を参照）で随時公開していますので、そちらもあわせてご確認ください。

» WindowsからRaspberry Piにアクセスする

SSHサーバーの準備ができたら、他のパソコンからRaspberry Piにリモートアクセスしてみましょう。

WindowsからSSHでアクセスするには、SSH対応の端末アプリを使用します。端末アプリとして「Tera Term」があります。

Tera Termは「https://ja.osdn.net/projects/ttssh2/releases/」からダウンロードできます。

インストーラをダウンロードしたら、インストーラをパソコン上で実行してインストール作業を行います。

● Tera TermのダウンロードWebページ

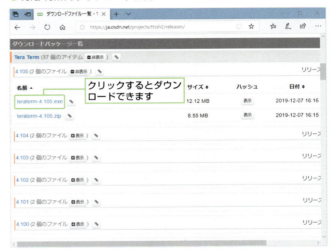

クリックするとダウンロードできます

103

インストールが完了したら、スタートメニューにある「Tera Term」➡「Tera Term」を選択すると起動できます。起動したら、以降のように操作してRaspberry Piにアクセスします。

1　「ホスト」欄にRaspberry PiのIPアドレスを入力します。「サービス」は「SSH」を選択します。「OK」ボタンをクリックします。

2　初めてRaspberry Piへアクセスする場合は、セキュリティ警告ダイアログが表示されます。「続行」ボタンをクリックします。

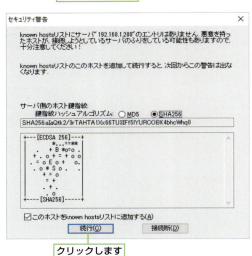

3　Raspberry Piのユーザー名とパスフレーズを入力します。ユーザー名は「pi」、パスフレーズはp.59で設定したパスワードを指定します。

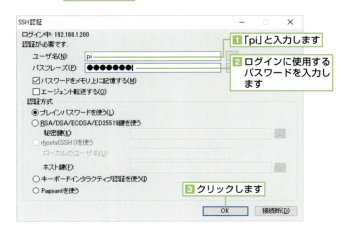

Chapter 3-5 リモートからのRaspberry Piの操作

4 Raspberry Piにアクセスできました。コマンドプロンプトが表示されたらコマンドを利用して操作が可能です。

Raspberry Piにアクセスできました

> **NOTE**
> **ファイルを転送する**
> Raspberry Piにアクセス中に、ファイルのアイコンをTera Termの画面にドラッグ＆ドロップすると、Raspberry Piにファイルを転送できます。

» macOSからRaspberry Piにアクセスする

macOSからRaspberry Piにアクセスするには、OSに標準搭載されている**ターミナル**アプリを利用できます。

1 Finderの「移動」メニューにある「ユーティリティ」を選択します。

2 ユーティリティの一覧から「ターミナル」をダブルクリックします。

3 SSHサーバーに接続するには「slogin」コマンドを利用します。アクセス先の指定は「ユーザー名@IPアドレス」のように、ユーザー名とRaspberry PiのIPアドレスを「@」で区切って列記します。例えば、ユーザー名が「pi」、IPアドレスが「192.168.1.200」であれば、右のように入力します。

4 初めてアクセスする場合は、警告メッセージが表示されます。「yes」と入力します。

5 パスワード入力を促されるので、Raspberry Piのpiユーザーに設定されているパスワード（p.59参照）を入力します（パスワードを設定していない場合は「raspberry」）。

6 Raspberry Piにアクセスできました。コマンドプロンプトが表示されたらコマンドを利用して操作が可能です。

POINT
リモートアクセスを終了する
リモートアクセスを終了するには「exit Enter」または「logout Enter」と入力します。

NOTE
SSHを利用してファイルをコピーする
macOSとRaspberry Pi間でファイルのやりとりを行う場合は、「scp」コマンドが利用できます。scpコマンドは次のように指定して入力します。

scp ユーザー名 @ ホスト名（IPアドレス）: ファイル名　ユーザー名 @ ホスト名（IPアドレス）:
　　　　　　　　　　　　複製元　　　　　　　　　　　　　　　　　　　　複製先

次ページへ

最初に「複製元ファイル」を指定し、次に「複製先」を指定します。複製元、複製先それぞれにユーザー名とホスト名（またはIPアドレス）を指定します。ただし、現在操作中のマシン上に保存されているファイルであれば、ユーザー名とホスト名を省略できます。
ファイル名の指定は、ホスト名とファイル名の間に「:」を区切りとして追記します。ただし、ホスト名を省略した場合「:」は不要です。
例えばmacOSのカレントフォルダ内にある「photo.jpg」ファイルを、Raspery Pi（192.168.1.200）のpiユーザーのホームフォルダ内に転送する場合は次のように実行します。この際、複製先のホスト名の後に「:」を付加するのを忘れないようにします。

```
$ scp photo.jpg pi@192.168.1.200: Enter
```

パスワードを尋ねられるので、Raspberry Piのpiユーザーのパスワードを入力します。これで転送されます。
逆に、Raspberry Pi上のファイルをコピーする場合は次のように実行します。最後の「./」はmacOSの現在作業中のフォルダを表します（フォルダやファイルのパスについてはp.76を参照）。

```
$ scp pi@192.168.1.200:photo.jpg ./ Enter
```

sloginでRaspberry Piにリモートログインしている場合は、操作中のホストがRaspberry Piとなるので、ホスト名を省略する場合は注意が必要です。

» WindowsやmacOSとRaspberry Piの間でファイル転送する

　SSHはRaspberry Piへリモートアクセスしてコマンドで操作するだけでなく、ネットワーク経由でのファイル転送に利用できます。FTPのようにWindowsやmacOSからファイルをRaspberry Piにアップロードしたり、逆にRaspberry Pi上のファイルをWindowsやmacOSへダウンロードしたりできます。
　SSHでファイル転送を行うには、FileZillaが利用できます。FileZillaは「https://filezilla-project.org/download.php」へアクセスして入手できます。自分の環境に合わせてWindows用、macOS用いずれかのインストーラをダウンロードしてインストールを行います。
　FileZillaをインストールしたらさっそく起動してみましょう。

●FileZillaのダウンロードWebページ（Windowsでアクセスした場合）

Windows用のインストーラをダウンロードできます

1. 画面上部にある「ホスト」欄にRaspberry PiのIPアドレス、「ユーザー名」欄に「pi」、「パスワード」欄にp.59で設定したパスワード、「ポート」欄に「22」と入力して、「クイック接続」ボタンをクリックします。

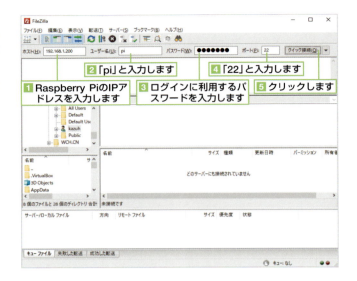

2. 初めて接続した際に「不明なホスト鍵」ダイアログが表示されます。「常にこのホストを信用し、この鍵をキャッシュに追加」をチェックして「OK」ボタンをクリックします。

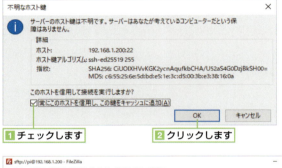

3. Raspberry Piへアクセスし、ログインしたフォルダ（piユーザーのホームフォルダ）内のファイルが一覧表示されます。
ファイルをWindowsやmacOSのファイルマネージャの間でドラッグ＆ドロップすることで、ファイル転送が行えます。

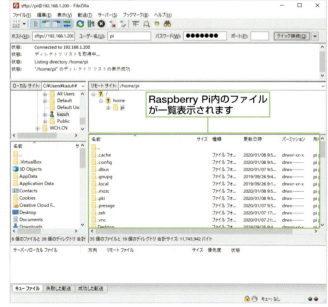

VNCでデスクトップ環境を利用する

　SSHではコマンドを利用してRaspberry Piをリモート操作できます。しかし、グラフィカルなアプリケーションは利用できません。

　「VNC（Virtual Network Computing）」でRaspberry Piへアクセスすると、WindowsやmacOSの画面に、Raspberry Piのデスクトップ画面を表示できます。通常のRaspberry Piのデスクトップ同様に、マウスやキーボードで操作できます。グラフィカルなアプリの起動や操作も可能です。

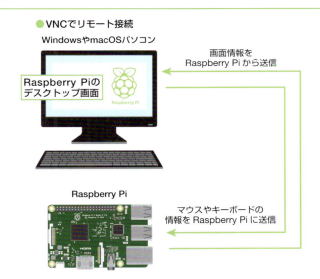

●VNCでリモート接続

» Raspberry PiにVNCサーバーを起動する

　VNCでRaspberry Piを操作するには、Raspberry Pi上でVNCサーバーを稼働させ、VNCクライアントをWindowsやmacOS上へインストールする必要があります。VNCサーバーは数種類あります。NOOBS 3.2.1を利用している場合、VNCサーバーが標準でインストールされています。しかし、初期状態では起動していないため、設定を変更して起動する必要があります。

1 画面左上の🍓アイコンから「設定」➡「Raspberry Piの設定」の順に選択します。

2 Raspberry Piの設定で「インターフェイス」タブを選択し、「VNC」を「有効」に切り替えます。「OK」をクリックします。

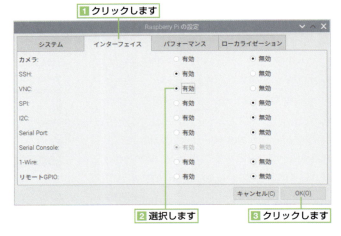

3 これでVNCサーバーが起動します。起動すると画面右上に🆅アイコンが表示されます。🆅アイコンをクリックするとアクセス先（Raspberry Pi）の情報などが確認できます。

POINT

システムのアップグレードを実行した場合

システム全体のアップグレードを実行した場合、本書で解説している内容と挙動が異なることがあります。アップグレードに伴う補足情報は本書サポートページ（p.6を参照）で随時公開していますので、そちらもあわせてご確認ください。

WindowsやmacOSからVNCでRaspberry Piにアクセスする

　Raspberry PiでVNCサーバーの準備ができたら、WindowsやmacOSから「VNC Viewer」でアクセスしましょう。VNC Viewerは「https://www.realvnc.com/download/viewer/」から入手します。

1 VNC Viewerをダウンロードします。
一覧から利用するOSの種類を選択し、
「Download VNC Viewer」をクリック
します。

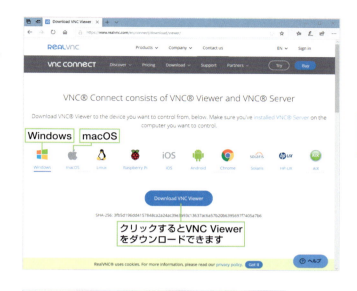

2 ダウンロードが完了したら、ダウンロードしたファイルをダブルクリックしてVNC Viewerのインストーラを起動します。手順に従ってインストール作業を進めます。
インストールしたらスタートメニューから「RealVNC」➡「VNC Viewer」の順に選択してVNC Viewerを起動します。

3 起動したら画面上のアドレス入力欄にRaspberry PiのIPアドレスを入力してEnterキーを押します。IPアドレスは前ページの手順3で説明したVNCサーバーの詳細表示画面で確認できます。

4 確認メッセージが表示されるので「Continue」を2回クリックします。

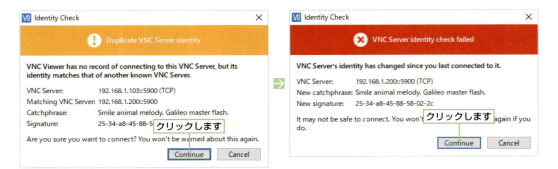

5 Raspberry Piのユーザー名とパスワードを入力します。ユーザー名に「pi」、パスワードにp.59で説明した設定したパスワードを入力します。

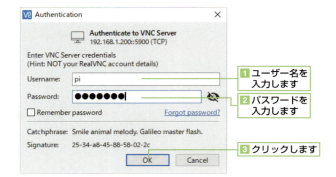

6 Raspberry Piのデスクトップがウィンドウ内に表示され、操作できるようになります。

Part 4

小型Linuxマシンとして
利用する

Raspberry Piは少ない消費電力で動作する小型パソ
コンとして利用できます。クライアントパソコンとし
ての利用ができる他、Webサーバーやファイルサー
バーなどのサーバーアプリを導入すれば、小型サー
バーとしても利用できます。

Chapter 4-1 小型クライアントマシンとして使う
Chapter 4-2 小型Webサーバーとして使う
Chapter 4-3 ファイル共有サーバーとして使う

Part 4　小型Linuxマシンとして利用する

Chapter 4-1　小型クライアントマシンとして使う

Raspbianは、数万に及ぶアプリを自由にインストールして使用できます。このため、Webブラウザやオフィスアプリなどを導入してクライアントマシンとして利用することも可能です。

Raspberry Piをクライアントパソコンとして利用する

　Raspberry Piで利用できるLinux OS「**Raspbian**」には、グラフィカルな画面で操作できるデスクトップ環境が用意されています。マウスを使ってほとんどの操作ができるので、WindowsやmacOSのようにクライアントパソコンとしても利用できます。消費電力も1〜15W程度で動作し、省電力パソコンとして活躍します。
　Raspbianでは、数万に及ぶパッケージを利用でき、ユーザーの好みに合わせてアプリをインストールできます。ほとんどのアプリは無料で提供されているため、低コストでクライアントパソコンを用意できます。

●Raspberry Piをクライアントパソコンとして利用できる

Chapter 4-1 ▌▌ 小型クライアントマシンとして使う

　初期状態でRaspbianに搭載されているアプリと、クライアントマシンとして利用する際におすすめのアプリ
を表に挙げます。

● Raspbianに標準搭載されているアプリと、おすすめのアプリ

用途	標準搭載されているアプリ	おすすめのアプリ
Webブラウザ	Chromium	Firefox ESR、Midori、Epiphany
メールクライアント	Claws Mail	IceDove（Thunderbird）、Sylpheed
PDFビューア	qpdfview	Adobe Reader、Evince
ワープロ	LibreOffice Writer	Abiword
表計算	LibreOffice Calc	Gnumeric
プレゼンテーション	LibreOffice Impress	Edraw
テキストエディタ	Mousepad、vim.tiny、nano	gedit、emacs
画像ビューア	GPicView	Shotwell、Guenview、Gthumb
フォトレタッチ・ペイント	非搭載	GIMP、mtPaint、Pinta
ドロー	非搭載	Inkscape
メディアプレーヤー	VLC	MPlayer、Xine、Totem
ミュージックプレーヤー	非搭載	Rythmbox、Banshee、Audacious

※青字は軽量なアプリであることを示しています

　Raspberry Piは、省電力**ARM**プロセッサを搭載している関係上、一般的なパソコンよりも処理性能が劣りま
す。そのため、負荷の高い処理が必要なアプリは動作が遅く、実用に耐えないことがあります。その場合は、軽
量なアプリを使うことで回避できることがあります。各用途別の代表的な軽量アプリは、上記表内に水色文字で
表示しています。
　軽量アプリは、機能が限られていたりデザインが簡略化されていたりすることがあります。自身で実際に使用
してみて、どのアプリを利用するか決めましょう。
　各アプリは、Add/Remove Softwareを起動してアプリ名で検索すると検索結果の一覧の中に表示されます。

> 📖 **NOTE**
>
> **Add/Remove Software の使い方**
> Add/Remove Softwareの使い方についてはp.97を参照してください。

日本語入力をする

　Raspbianには標準で**日本語フォント**が用意されており、日本語のWebサイト表示や、日本語の文書ファイル
なども問題なく表示できます。また、p.58の初期設定時の国設定で日本を選択してアップデートすると、日本語
入力関連のパッケージが導入されます。このため、すぐに日本語入力が可能です。
　キーボードの「全角/半角」キーを押して入力を切り替えます。画面右上のキーボードのアイコンが🅰に変化
したら、日本語入力の準備完了です。WindowsやmacOSなどと同様に、ローマ字で入力してひらがなや、変換

して漢字も入力ができます。

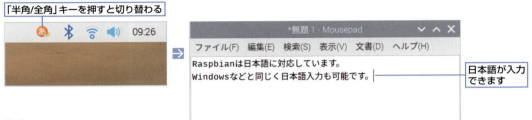

> **NOTE**
> **日本語入力できない場合**
> インストール後の初期設定でアップデートをしないと、日本語入力関連のパッケージが導入されません。もし、アップデートをしていない場合は、「sudo piwiz -i Enter」とコマンド実行して初期設定でアップデートします（p.58参照）。

> **NOTE**
> **コンソールで日本語を利用できるようにする**
> Raspbianのコンソール画面は、初期状態では日本語が利用できません。日本語メッセージや日本語の文書ファイルなどを表示しても、文字化けして読むことができません。日本語入力にも対応していません。
> そこで、「jfbterm」「uim」などをインストールすることで、コンソールで日本語表示や日本語入力が可能になります。
>
> ① jfbterm（日本語をLinuxのフレームバッファ上に表示するためのプログラム）とuim（日本語入力を行う入力メソッド）などをインストールします。コマンドでインストールする場合は、次のようにaptコマンドを実行します。
>
> ```
> $ sudo apt install jfbterm uim uim-anthy Enter
> ```
>
> ② 日本語入力を切り替えるキーの設定を行います。「/usr/share/uim/generic-key-custom.scm」ファイルを編集して設定します。
> 管理者権限でテキストエディタ（GUIエディタは「mousepad」、CLIエディタは「nano」）を起動し、設定ファイルを開きます。
>
> ●GUIテキストエディタを利用する場合
> ```
> $ sudo mousepad /usr/share/uim/generic-key-custom.scm Enter
> ```
>
> ●CLIテキストエディタを利用する場合
> ```
> $ sudo nano /usr/share/uim/generic-key-custom.scm Enter
> ```
>
> ③ 44行目付近と、50行目付近にある「<Shift>」を「<Control>」に変更します。なお、このとき<Control>の後にあるスペースを消さないように注意してください。

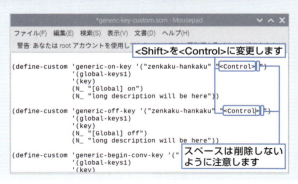

次ページへ

Chapter 4-1 ‖ 小型クライアントマシンとして使う

4 自動的にjfbtermとuimを起動して、日本語を使用できるように設定します。ユーザーのホームフォルダにある「.bashrc」ファイルを編集します。次のようにコマンドを実行して、テキストエディタで設定ファイルを開きます。

● GUIテキストエディタを利用する場合

```
$ mousepad .bashrc [Enter]
```

● CLIテキストエディタを利用する場合

```
$ nano .bashrc [Enter]
```

5 .bashrcファイルの末尾に右の記述を追記して保存します。

/home/pi/.bashrc

```
RUNTTY=`/usr/bin/tty | cut -c 6-8`

if [ $RUNTTY = 'tty' ]
then
    jfbterm -q -e uim-fep -u anthy-utf8
fi
```

6 設定完了です。[Ctrl]キーと[Alt]キーを押しながら[F2]キーを押すなどしてコンソールに切り替えます。ログインすると、日本語ファイルを表示しても、文字化けを起こさず正常に表示できるようになります。
[Ctrl]キーとスペースキーを同時に押すと日本語入力モードに切り替わり、画面左下に「anthy-utf8[AnあR]」と表示されます。これで、日本語が入力できるようになります。また、もう一度[Ctrl]キーとスペースキーを同時に押すと英文字入力状態に戻ります。

pi@raspberrypi:~ $ cat document_jp.txt
コンソール画面で操作している場合でも、jfbtermを利用すれば日本語を扱えます。
日本語入力をする場合には、Ctrlキーとスペースキーを同時に押して入力モードに切り替えます。
pi@raspberrypi:~ $

日本語が正常に表示できました

anthy-utf8[AnあR]

[Ctrl]キーとスペースキーを押すことで
日本語入力モードに切り替わります

📖 **NOTE**

jfbtermの終了

jfbtermを終了する場合は「exit [Enter]」と実行します。しかし、記事執筆時点（2020年1月）Raspbian向けに提供されているjfbtermには不具合があり、「exit」を実行するとハングアップしてしまいます。jfbtermは終了しなくても運用に差し支えはありませんので、不具合が修正されるまではexitは実行しないでください。

Part **4**

小型Linuxマシンとして利用する

117

Part 4 ┃┃┃ 小型Linuxマシンとして利用する

| Chapter 4-2 | 小型Webサーバーとして使う |

Raspberry PiでWebサーバーを稼働させれば、小型で省電力なサーバーとして利用できます。さらに
PHPやMariaDBなどを導入すれば、ブログやWikiなどのWebアプリを動かすことも可能です。

サーバー運用が得意なLinux

　Raspbianは**Linux**（Linuxディストリビューション）の一種です。LinuxはPC用に開発されたUNIXクローン
で、UNIX同様に豊富なサーバーアプリケーションが用意されています。

　Raspberry Piは一般的なパソコンやサーバー用マシンに比べて消費電力が極めて低いため、Raspberry Piでサ
ーバーを稼働させれば、省電力サーバーとして運用できます。

　Raspberry Pi上で**Webサーバー**を稼働させれば、掲示板やブログ、WikiなどのWebサービスをRaspberry Pi
で提供できます。ここではRaspberry PiにWebサーバーを導入する方法を説明します。

》軽量なWebサーバーを選択

　Linuxで運用できる代表的なWebサーバーである「**Apache HTTP Server**」は、Raspberry Piでも利用でき
ます。しかし、Apache HTTP Serverは高機能で高負荷にも耐えられるように設計されている一方、運用するサ
ーバーに一定以上の処理性能を求めます。Raspberry Piは省電力ARMプロセッサを採用しており、Apache
HTTP Serverを稼働させると他の処理が重くなる恐れがあります。

　そこで、本書では動作が軽量なWebサーバーソフトウェアである「**nginx**」（エンジンエックス）を導入しま
す。静的なWebページの表示だけでなく、CGIやPHPなどを利用した動的なWebページの表示ができます。SSL
やTLSによる暗号化や、ベーシック認証、URL変換（rewrite）、複数の仮想Webサーバーの稼働など機能も豊富
です。

　さらに、PHPとデータベースソフトを用意することで、ブログやWikiシステムなどのWebアプリを動作させ
ることも可能です。

nginxを導入する

nginxをRaspberry Piにインストールして、Webページを表示してみましょう。

1. nginxパッケージをインストールします。aptコマンドを利用してインストールを行う場合は、右のように実行します。

    ```
    $ sudo apt install nginx Enter
    ```

2. インストールが完了したら右のように実行してnginxを起動します。また、再起動時にnginxを自動起動するようにしておきます。

    ```
    $ sudo systemctl start nginx Enter
    $ sudo systemctl enable nginx Enter
    ```

3. nginxが起動しました。Raspberry Piと同一ネットワーク内に接続されたPCでWebブラウザを起動して、URL欄に「http://＜Raspberry PiのIPアドレス＞/」と入力すると、Webページが表示されます。表示されるページはnginxの初期機能で提供されているテストページです。

📖 NOTE

Raspberry Pi の IP アドレス
Raspberry Piに割り当てられているIPアドレスの調べ方はp.84を参照してください。

» Webページを作成する

nginxが動作したらWebページを公開してみましょう。nginxでは、初期状態で「**/var/www/html/**」が公開フォルダに設定されています。このフォルダ以下に配置されているファイルがWebブラウザで閲覧できます。

Webサーバーで公開されるフォルダ内のトップページとなる「index.html」ファイルを編集してみましょう。なお、Webサーバーの公開フォルダ内のデータを編集したり、公開フォルダへファイルを保存したりする場合には、管理者権限が必要です。

管理者権限でテキストエディタを起動し、「/var/www/html/index.html」ファイルを編集します。

● GUIテキストエディタの場合
```
$ sudo mousepad /var/www/html/index.html Enter
```

● CLIテキストエディタの場合
```
$ sudo nano /var/www/html/index.html Enter
```

Part 4　小型Linuxマシンとして利用する

　初期状態では、サーバーアプリがインストールされた際に配置されたサンプルファイルが置いてあります。このファイルの内容を変更してかまいません。

　作成が完了したらファイルを保存したあとに、Webブラウザで閲覧して内容が変更されているかを確認してみましょう。

●独自に作成したWebページの表示

編集したWebページが表示されました

📖 NOTE

Webページの利用言語

Webページを作成するには、HTMLという記述言語を利用します（本書ではHTMLの詳しい解説はしません）。PerlやPHPなどのスクリプト言語を用いた動的なページの生成も可能です。

📖 NOTE

Webページが表示されない

Webページが表示されない場合は、ファイルのアクセス権が誤っている可能性があります。以下のように実行してアクセス権を変更し、外部からでも閲覧できるようにします。

```
$ sudo chmod -R a+r /var/www/html/*　Enter
```

動的コンテンツを利用できるようにする

　ブログやWikiなどの動的なWebコンテンツを動作させるには、プログラムを処理する仕組みとデータベースが必要となることが多くあります。Raspberry PiでもPHPとMariaDBを導入でき、nginxから利用できます。

🔑 Keyword

MariaDB

MariaDBは、MySQLと互換のあるデータベースシステムです。MySQLは、世界で最も普及しているデータベースシステムでした。しかし、MySQLの開発者であるMichael "Monty" Widenius氏が、MySQLがOracle社に買収されたことをきっかけに、Oracle社から離れました。その後、氏が開発したのがMariaDBです。MariaDBはMySQLと互換性があり、MySQLを利用したシステムも、大きな変更は不要でMariaDBを使うことが可能です。

120

Chapter 4-2 ▮▮ 小型Webサーバーとして使う

» PHPを導入する

PHPを導入してnginxでプログラムを実行できるようにしましょう。

1 PHPのパッケージをインストールします。右のようにコマンドを管理者権限で実行して「php7.3-fpm」をインストールします。

```
$ sudo apt install php7.3-fpm [Enter]
```

2 nginxでPHPを利用できるように設定します。「/etc/nginx/sites-available/default」ファイルを編集します。管理者権限でファイルを開きます。

● GUIテキストエディタの場合
```
$ sudo mousepad /etc/nginx/sites-available/default [Enter]
```
● CLIテキストエディタの場合
```
$ sudo nano /etc/nginx/sites-available/default [Enter]
```

3 エディタが起動したら、44行目付近にある「index」項目に「index.php」を追加します。

4 56行目付近の「location」から63行目付近の「}」までの行頭についている「#」を取り除きます。ただし、62行目の「fastcgi_pass」の行は「#」を残しておきます。編集が終わったら、編集内容を保存してテキストエディタを終了します。

5 「/etc/php/7.3/fpm/php.ini」を編集します。

● GUIテキストエディタの場合
```
$ sudo mousepad /etc/php/7.3/fpm/php.ini [Enter]
```
● CLIテキストエディタの場合
```
$ sudo nano /etc/php/7.3/fpm/php.ini [Enter]
```

121

6 793行目付近にある「;cgi.fix_pathinfo=1」を「cgi.fix_pathinfo=0」に変更します。編集内容を保存してテキストエディタを終了します。

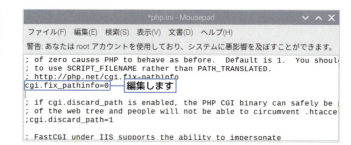

7 設定完了です。右のように実行して、php7.3-fpmとnginxを再起動します。

8 PHPが動作可能かを確かめるために、PHPのステータスページを表示するHTMLファイルを作成します。右のようにテキストエディタを起動して、右図のように記述して保存します。

9 Webブラウザで、作成したtest.phpを表示します。右のようにステータスが表示されればPHPは動作します。

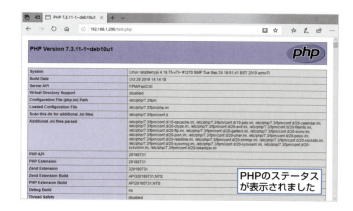

» MariaDBを導入する

MariaDBを導入してデータベースを扱えるようにします。

1 右のようにコマンドを管理者権限で実行してMariaDBに関するパッケージを導入します。

```
$ sudo apt install mariadb-server php7.3-mysql Enter
```

2 初期設定します。右のようにコマンドを管理者権限で実行します。

```
$ sudo mysql_secure_installation Enter
```

3 現在のパスワード入力を求められます。未設定のため、そのまま Enter キーを押します。
次に、パスワードを設定するか尋ねられるので「y Enter」と入力します。

4 新たな管理者パスワードを設定します。任意の文字列を2回入力します。

5 以降、いくつか質問にたいしてYes / No で回答を求められます。すべて「y Enter」と入力します。これで設定は完了です。

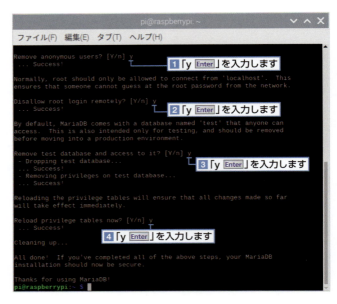

6 このままでは管理者権限でログインができません。そこで、データベースのユーザー設定を変更します。次のように実行します。

```
$ sudo mysql -u root Enter
> use mysql; Enter
> update user set plugin='' where user='root'; Enter
> flush privileges; Enter
> quit; Enter
```

7 これでデータベースが利用できます。MariaDBが利用できるかは、MariaDBにログインして確認します。
右のようにコマンドを実行してログインを試みると、パスワード入力を求められます。手順4で設定したパスワードを入力します。
正常にログインできると「MariaDB [(none)]>」とプロンプトが表示されます。MariaDBからログアウトする場合は「quit Enter」と入力します。

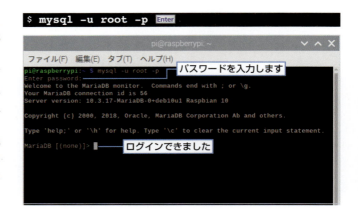

📖 NOTE

MariaDB の使い方

本書ではMariaDBの使い方やMariaDBを使ったWebアプリケーションの設置方法などは解説しません。

外部にWebサーバーを公開する

LAN内で稼働中のサーバーは、基本的には、そのままではインターネットでは公開されません。一般的な環境であれば、ルーター（ブロードバンドルーター）でネットワークを分断しているためです。

ブロードバンドルーターの設定を変更し、**ポートフォワーディング**で外部からのリクエストをRaspberry Piへ転送するようにすれば、インターネット上にRaspberry Piで稼働させているサーバーを公開できます。

POINT

インターネット公開にあたっての注意

インターネットにサーバーを公開するということは、不特定多数のユーザーに向けてサービスを提供するということです。どのような悪意を持ったユーザーがいるか分かりません。公開にあたっては十分に注意して、自己責任で公開してください。

●ルーターで外部からのアクセスが拒否される

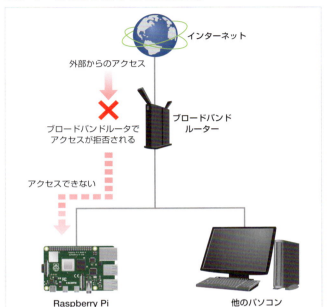

» ブロードバンドルーターによるポートフォワーディング

ルーターはインターネットとLANを中継する役割を担っています（そのためルーターには、インターネット上で利用するグローバルIPアドレスと、LAN内のマシン同士の通信で利用するプライベートIPアドレスの2つのIPアドレスが割り当てられているのが一般的です）。通常はLAN内から外部ネットワークへのリクエストを中継し、LAN内部からのリクエストに対する応答のみ中継し、インターネットからのリクエストは遮断するように設定されています。

そこで、インターネット上のブロードバンドルーターへのポート接続（リクエスト）を、LAN内のRaspberry Piのポートに転送し、そこからの応答をブロードバンドルーターが中継して転送するようにすれば、インターネットにRaspberry PiのWebサーバーを公開しているのと変わらない動作が可能になります。Webサーバーは通常、ポート80番へのアクセスを待ち受けるように動作しているので、80番ポートへのリクエストを転送するように設定すれば良いわけです。

これが「**ポートフォワーディング**」機能です。ポートフォワーディング機能は、「**ポート転送**」「**静的NAT**」「**静的IPマスカレード**」「**ポートマッピング**」などの名前で呼ばれることもあります。

Part 4 小型Linuxマシンとして利用する

ほとんどのブロードバンドルーターは、ブラウザで設定が可能です。例としてNTT東日本のRV230NEを利用した設定方法を紹介します。その他のブロードバンドルーターを利用している場合は、取扱説明書などを参照してください。

● ポートフォワーディングでRaspberry Piに転送する

POINT

ルーターにグローバルIPアドレスが割り当てられていない場合

サーバーをインターネット上に公開するためには、ブロードバンドルーターにグローバルIPアドレスが割り当てられている必要があります。しかし、一部のインターネットサービスプロバイダ（ISP）では、ユーザーのルーターにグローバルIPアドレスを割り当てていない（プロバイダ内のネットワークに接続する）ことがあります。この場合はサーバーをインターネット上に公開することはできません。詳しくは加入しているISPにお問い合わせください。

1 ルーターの管理画面にブラウザでアクセスします。管理画面の表示方法は取扱説明書を参照してください。

NOTE

管理画面へのアクセス

管理画面のアクセスには192.168.0.1や192.168.1.1などのIPアドレスを指定する方法があります。ルーターのIPアドレスや、それ以外の管理画面へのアクセス方法は取扱説明書を参照してください。

NOTE

ルーターの管理ユーザー名

本書で紹介した製品では、初期状態のルーター管理ユーザー名は「user」と設定されています。多くのブロードバンドルーターの管理者のデフォルト設定は「root」「admin」（あるいは初期設定名なし）などとなっています。機器によって異なりますので、正確な情報については各ルーターに添付の取扱説明書を参照してください。

2 ルーターの管理画面が表示されます。左側のメニューの「詳細設定」から「静的IPマスカレード設定」を選択します。

3 「静的IPマスカレード設定」（ポートフォワーディング）の設定画面が表示されます。「NATエントリ」欄の転送設定したいエントリを編集していきます（初期状態では何も設定されていません）。
「エントリ番号」は1から順番に任意の番号を選びます。

4 「変換対象プロトコル」は「TCP」を選択、「変換対象ポート」に転送したいポート番号（Webサーバーは80番）を半角数字で入力します。「宛先アドレス」にはRaspberry Piに割り当てたプライベートIPアドレスを入力します。
「設定」ボタンをクリックします。

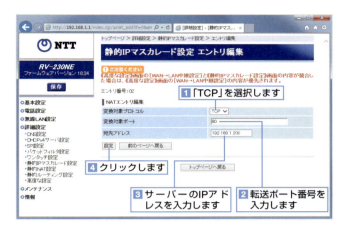

5 追加した設定が一覧表示されます。左上の「保存」ボタンをクリックすると、設定内容が適用されます。

POINT

不正アクセスに注意

Raspberry Piをインターネットに公開することは、不正アクセスなどの危険にさらすことでもあります。リスクを十分に承知し、自己責任で公開してください。もし不正アクセスなどの兆候を感じたら、まず何よりもRaspberry Piをネットワークから外して、状況を把握するように努めましょう。

POINT

各サービスのポート

Webサーバー以外にも、SSHやFTPなどのサービスをポートフォワーディングしておくことで外部からアクセスが可能になります。主なサービスのポート番号は右表の通りです。

サービス	ポート番号
FTP	20、21
SSH	22
SMTP	25
HTTP	80
POP3	110
IMAP	143
HTTPS	443
IMAPS	993
POP3S	995

Part 4 ||| 小型Linuxマシンとして利用する

Chapter 4-3 ファイル共有サーバーとして使う

Raspberry Piでファイルサーバーを稼働させて、LAN内でファイル共有できる環境を構築しましょう。
Raspberry PiのSDカードだけでなく、USB接続のHDDやSSDを接続すれば、保存領域の追加も可能です。

Raspberry Piにファイル共有サーバーを構築

複数のパソコンを所有している場合、ネットワーク上でファイル共有できる環境があると便利です。Windows
であればWindowsファイル共有機能が標準で用意されていますし、**NAS**（Network Attached Storage）機器な
ども普及しているので、既に利用している方も多いでしょう。

Raspberry Piにも**ファイル共有サーバー**を構築できます。省電力で稼働しますし、Raspberry Piへのファイル
転送にも利用できます。Raspberry PiのOSをインストールしたmicroSDカードの容量のみでファイルサーバー
を運用するのが心もとない場合は、USB接続のHDDを接続することで容量を追加できます。

ここでは、Raspberry Piをファイルサーバーとして活用する方法を紹介します。

» Sambaを導入する

ネットワークでファイル共有する方法として、Windowsのファイル共有サービス「CIFS」やMac OS 9で利
用されていた「Apple Talk」、UNIX系OSで利用される「NFS」など多数あります。中でもCIFSはNASなど、広
く利用されるファイル共有方法です。

Raspberry PiではCIFS互換アプリ「**Samba**」が利用できます。Sambaサーバーを設置することで、Windows
やmacOSマシンとファイル共有できます。ここでは共有専用のフォルダを確保してファイル共有する方法を解
説します。

» Sambaのインストールと設定

1 右のようにコマンドを管理者権限で実行
してRaspberry PiにSamba関連のパ
ッケージをインストールします。

```
$ sudo apt install samba samba-common-bin  Enter
```

Chapter 4-3　ファイル共有サーバーとして使う

2 インストール中に右のようなメッセージが表示されます。不要なため、ここでは「<いいえ>」を選択した状態で Enter を押します。

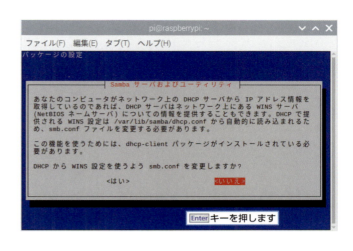

3 共有用フォルダを作成します。ここでは、/varフォルダ以下に「samba」フォルダを作成して共有することにします。右のようにコマンドを実行します。

```
$ sudo mkdir /var/samba Enter
```

4 共有フォルダへアクセスするユーザー（ここでは「smbuser」）を作成します。右のように実行してユーザーを作成し、パスワードを設定（2回入力）しておきます。

```
$ sudo useradd smbuser Enter
$ sudo passwd smbuser Enter
新しいUNIXパスワードを入力してください： <パスワード> Enter
新しいUNIXパスワードを再入力してください： <パスワード> Enter
```

> **POINT**
> **既存のユーザーでも利用できる**
> 共有フォルダを扱うユーザーは、新規作成するのではなく「pi」などの既存ユーザーを利用することも可能です。この場合は、各手順の「smbuser」を、利用するユーザー名に読み替えて以降の設定を行ってください。なお、手順**3**の操作は必要ありません。

5 共有フォルダの所属ユーザーをsmbuserに変更します。

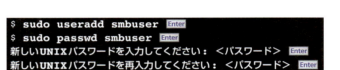

6 外部からRaspberry Piにアクセスする際に利用するユーザーとパスワードを入力（2回）します。ここでは先ほど作成したsmbuserを利用することにします。

```
$ sudo pdbedit -a smbuser Enter
new password: <パスワード> Enter
retype new password: <パスワード> Enter
```

129

7 共有用フォルダの公開設定します。/etc/samba/smb.confを管理者権限で編集します。

●GUIテキストエディタの場合
```
$ sudo mousepad /etc/samba/smb.conf Enter
```
●CLIテキストエディタの場合
```
$ sudo nano /etc/samba/smb.conf Enter
```

8 ファイルの末尾に右の内容を追記します。完了したら編集内容を保存して、テキストエディタを終了します。

/etc/samba/smb.conf
```
[Share]
    comment = Share Folder
    browseable = yes
    path = /var/samba
    writable = yes
    valid users = smbuser
    force user = smbuser
```

9 Sambaを再起動して設定を読み込みます。これで設定が完了しました。

```
$ sudo systemctl restart smbd Enter
$ sudo systemctl restart nmbd Enter
```

» Windowsから共有フォルダにアクセスする

フォルダ共有が完了したら、Windowsからアクセスしてみましょう。

1 Explorerを起動して、左の一覧にある「ネットワーク」を選択します。すると、ネットワーク上に存在するWindowsの共有ホストが一覧表示されます。この中から「RASPBERRYPI」をダブルクリックします。

2 共有したフォルダが表示されるので、ダブルクリックします。

Chapter **4-3** ファイル共有サーバーとして使う

3 ユーザー認証します。ユーザー名に「smbuser」、パスワードにp.129の手順 **6** で設定したパスワードを入力します。

4 共有フォルダの内容が表示されます。ここにファイルなどをドラッグ＆ドロップすると、Raspberry Piにファイルが保存されます。

POINT

初期状態ではファイルが配置されていない

わかりやすいように共有フォルダ内にファイルを配置していますが、Samba稼働直後の初期状態はファイルがないため何も表示されません。

NOTE

Windows 10 で Raspberry Pi にアクセスできない場合

Windows 10では、CIFSでのアクセスができない設定になっている場合があります。この場合はCIFSでのアクセスを許可する設定に変更することで、Sambaファイルサーバーへアクセスできるようになります。手順は次のとおりです。
Windowsメニューで右クリックして「アプリと機能」を選択します。画面右にある「プログラムと機能」を選択し、左の一覧の「Windowsの機能の有効化または無効化」を選択します。一覧にある「SMB 1.0/CIFS ファイル共有のサポート」をチェックします。これで、システムを再起動するとRaspberry Piにアクセスできるようになります。

NOTE

ユーザーのホームフォルダーにアクセスする

ユーザーに割り当てられたホームフォルダーにWindowsなどから直接アクセスすることも可能です。p.129の手順 **6** で「pdbedit」コマンドで登録したユーザーが対象となります。WindowsなどからRaspberry Piにアクセスするとユーザー名のフォルダーが表示されます。このフォルダーを選択することでユーザーのホームフォルダーにアクセスできます。

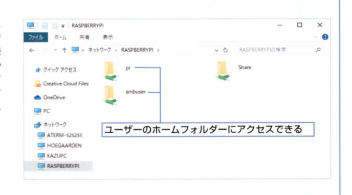

次ページへ

しかし標準状態ではファイルの読み込みは可能ですが、書き込みができません。書き込みを有効化する場合には、Sambaの設定ファイル「/etc/samba/smb.conf」の設定を変更します。管理者権限で編集します。
175行目付近の「read only」項目を「no」に変更して保存します。
設定が完了したら右のようにコマンドを実行してSambaを再起動します。
これでホームフォルダーへの書き込みができるようになります。

» macOSから共有フォルダにアクセスする

1 Finderの「移動」メニューから「サーバへ接続」を選択します。

2 「サーバアドレス」にRaspberry PiのIPアドレスを入力します。この際、IPアドレスの前に「smb://」を付加します。入力できたら「接続」ボタンをクリックします。

NOTE

Raspberry PiのIPアドレス
Raspberry Piに割り当てられているIPアドレスの調べ方はp.84を参照してください。

Chapter 4-3 ファイル共有サーバーとして使う

3 ユーザー認証します。ユーザの種類で「登録ユーザ」を選択し、名前に「smbuser」、パスワードにp.129の手順 6 で設定したパスワードを入力します。入力したら「接続」ボタンをクリックします。

4 共有したフォルダが表示されるので、アクセスしたい共有フォルダ（ここではShare）を選択してから「OK」ボタンをクリックします。

5 共有フォルダの内容が表示されます。ここにファイルなどをドラッグ＆ドロップすると、Raspberry Piにファイルが保存されます。

Part 4 ■ 小型Linuxマシンとして利用する

外部ストレージをRaspberry Piに接続して保存領域を追加する

　共有フォルダの容量を増やすために、HDDを追加する方法を解説します。Raspberry PiにはUSBポートが搭載されているため、USB接続の外付けハードディスクドライブ（HDD）を利用すれば保存領域を追加できます。ここではWestanDigital製の「WD Elements SE」を例に紹介します。

　HDDを追加する際、Raspberry Piで利用するためにパーティション構成やフォーマットの変更をします。そのため、現在HDD内に保存されているファイルなどは全て失われます。必要なファイルはあらかじめバックアップして退避させてください。

1 Raspberry PiのUSBポートにHDDを接続します。

2 接続したHDDを利用するには、HDDに割り当てられたデバイスファイル名を調べる必要があります。
HDDを接続した後、右のように「dmesg」とコマンドを実行して、最終付近に表示された「sd」から始まる文字列を探します。今回の例では「sda」となっていることがわかります。この場合はHDDのデバイスファイル名は「/dev/sda」となります。

 Keyword

デバイスファイル

Linuxでは、接続した各種ハードウェアが、ファイルシステム内にファイルのように配置されています。この特別なファイルのことを「デバイスファイル」といいます。デバイスファイルの内容を参照すればハードウェア内のデータを閲覧でき、またデバイスファイルに書き込むことでハードウェアにデータを転送できます。

3 Raspbianは、ストレージを認識すると自動的にマウントします。しかし、今回はHDDを初期化してRaspbianで利用するため、一度Raspberry Piからアンマウントする必要があります。
まず、右のように「df」コマンドを実行して、外付けHDDがマウントされているかを確認します。手順 2 で調べたデバイスファイル名に、数字がついている項目がファイルシステムの一覧にあるか確認します。ここでは、「/dev/sda1」があることが分かります。
なお、HDDに複数のパーティションがある場合は、その数だけ複数表示されます。

4 HDDをアンマウントします。「umount」コマンドに、手順 3 で調べたデバイスファイル名を指定して実行します。複数ある場合はすべてアンマウントします。

$ sudo umount /dev/sda1 Enter

5 パーティション構成を変更するツール「gdisk」をインストールします。

$ sudo apt install gdisk Enter

6 HDDのパーティション構成を変更します。「gdisk」コマンドに、手順 2 で調べたデバイス名を指定して実行します。

$ sudo gdisk /dev/sda Enter

Part 4 小型Linuxマシンとして利用する

7 HDDのパーティションの状態を確認します。「p Enter」と入力すると、HDD内のパーティションが一覧表示されます。右図ではパーティションが1つ存在することが分かります。「Number」項目のパーティション番号（右図では1）を確認しておきます。

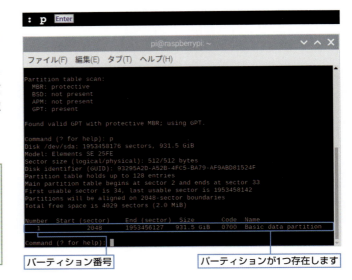

パーティション番号／パーティションが1つ存在します

POINT

「fdisk」コマンド

fdiskコマンドを用いてもストレージのパーティションを構成できます。ただしfdiskでは、2Tバイトを超えるストレージは、正常にパーティション構成できません。大容量のストレージを使う場合はgdiskコマンドを使います。

Keyword

マウントとアンマウント

Linuxではストレージを利用するのに「マウント」という作業をします。マウントとはストレージ内のパーティションを任意のフォルダと関連付ける作業です。こうすることで、ストレージを関連付けたフォルダにアクセスすることで、ストレージ内のファイルを配置したり読み込んだりできます。また、フォルダとストレージを切り離す作業のことを「アンマウント」といいます。

8 既存のパーティションを削除します。「d Enter」と入力します。
1つしかパーティションがない場合は、自動的に既存のパーティションが削除されます。複数のパーティションがある場合は、手順**7**で調べたパーティション番号を指定して削除します。

9 新規パーティションを作成します。「n Enter」と入力します。
次に作成するパーティション番号を指定します。1つしかパーティションを作成しない場合はそのまま Enter を入力するか、「1 Enter」と入力します。
パーティションのサイズを指定します。HDDの全ての領域を利用する場合は、そのまま2回 Enter キーを押します。それにより、自動的に最初のセクターと最後のセクターが選択されます。
パーティションの種類を指定します。Linuxで利用するパーティションは

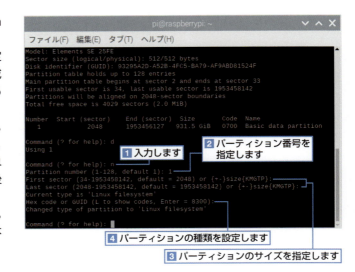

1 入力します
2 パーティション番号を指定します
3 パーティションのサイズを指定します
4 パーティションの種類を設定します

「8300」を指定します。そのまま Enter キーを押しても「8300」に設定されます。
これで、パーティションが作成されました。

10 パーティションの作成が完了しました。
「w Enter」、「y Enter」の順に入力してパーティション情報を書き込み、gdiskを終了します。

11 作成したパーティションを初期化します。
手順**2**で調べたデバイスファイル名に、手順**8**で作成したパーティション番号をつなげた値を指定します。今回の場合は「/dev/sda1」となります。

12 作成が完了しました。作成したパーティションを、Sambaで共有しているフォルダにマウントします。p.129で作成した/var/sambaにマウントする場合は、右のようにコマンドを実行します。

13 マウント状態の確認には「df」コマンドを実行します。右図では、/dev/sda1が/var/sambaフォルダにマウントされているのが分かります。

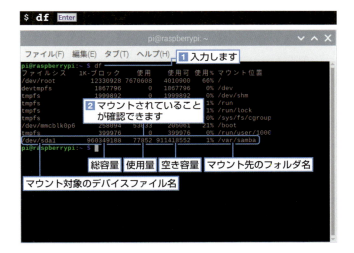

≫ 起動時に自動的にマウントする設定

　mountコマンドを実行すれば、外付けHDDが利用できるようになります。しかしこの状態では、Raspberry Piを再起動してしまうとマウントが解除されてしまい、再度mountコマンドを実行する必要があります。
　そこで、Raspberry Piが起動した際に自動的にマウントされるように設定をしておきましょう。

1 HDDのパーティションに割り当てられたUUIDを確認します。右のように実行するとUUIDが表示されます。

2 自動マウントするよう、/etc/fstabファイルを編集します。管理者権限でテキストエディタを起動して/etc/fstabファイルを開きます。

●GUIテキストエディタの場合
`$ sudo mousepad /etc/fstab` Enter

●CUIテキストエディタの場合
`$ sudo nano /etc/fstab` Enter

3 ファイルの末尾に右の内容を追記します。行頭のUUIDには手順**1**で調べたUUIDを指定します。2番目の項目にはマウント先（ここでは/var/samba）を指定します。完了したら編集内容を保存してテキストエディタを終了します。

4 設定が完了しました。Raspberry Piを再起動して自動マウントされているか確認してみましょう。

UUID
UUID（Universally Unique Identifier）とは、世界中で重複がない識別子です。ストレージデバイスや各パーティションなどにもUUIDが割り当てられます。設定でUUIDを利用することで、一意のデバイスを指定することが可能です。

Part 5

プログラムを作ってみよう

Raspberry Piで電子回路を制御するにはプログラム
の作成が必須です。Raspberry PiにはC言語やPerl、
Pythonなどたくさんの言語が用意されており、自分
が使いやすい言語でプログラムを作成できます。また、
学習用プログラミング言語「Scratch」を使うと、グ
ラフィカルなアイテムを配置するだけでプログラムを
作成できます。ここではScratchとPythonを使った
プログラミングについて説明します。

Chapter 5-1　Raspberry Piで使えるプログラム
Chapter 5-2　Scratchを使ってみよう
Chapter 5-3　Pythonを使ってみよう

Part 5　プログラムを作ってみよう

Chapter 5-1　Raspberry Piで使えるプログラム

Raspberry Piで電子回路を制御するにはプログラムを用います。Raspberry Piでは複数のプログラム言語が用意されており、自分の使いやすい言語を選択してプログラミングできます。さらに、Scratchを使うとマウスを使ってアイテムを配置するだけでプログラミングできます。

電子工作で必要なプログラミング

　Raspberry Piは、センサーやモーターなどをつないで電子工作を手軽に楽しめます。しかし、Raspberry Piで電子工作を楽しむためには、どうしても**プログラミング**が必要になります。

　Raspberry Piなどのコンピュータに、ユーザーがしたいことを知らせる際に利用するのが「**プログラミング言語**（**プログラム言語**）」です。日頃使用しているWebブラウザやメールクライアント、音楽プレーヤーなどのアプリケーションはすべてプログラミング言語を使って作成されています。

　Raspberry Piで電子工作を制御する際にも、プログラミングします。例えば、温度センサーから現在の温度を読み込む、読み込んだ温度から現在暑いのかを判断する、暑いと判断したら扇風機を動かす、といった動作を、利用するプログラミング言語の構文に則って作成（プログラミング）します。作成したプログラムを実行すると、Raspberry Piはそれに則って電子回路を制御します。

　このようにプログラミングをするには、まずプログラムの方法を覚える必要があります。ここでは、プログラミングの基本について説明します。

● 電子回路の制御にはプログラミングが必要

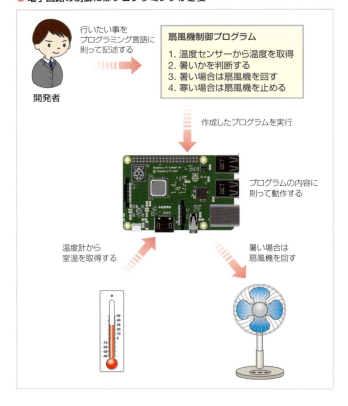

Chapter 5-1 ‖‖ Raspberry Piで使えるプログラム

Raspberry Piで使えるプログラミング言語

コンピュータにはたくさんのプログラミング言語が存在します。Raspberry Piでも、多くのプログラミング言語を利用してプログラムの開発が可能です。

Raspberry PiはC言語やC++などといった著名なプログラミング言語から、RubyやPythonなどといったスクリプト言語などたくさんの言語に対応しています。また、初期状態で用意されていない言語でも、開発環境をインストールすることで開発できるようになります。例えば、Javaを利用するにはgcjパッケージをインストールします。

Raspberry Piで利用できる主なプログラミング言語は次の通りです。

● Raspberry Piで使える主な言語

言語名	標準搭載 （パッケージ名）	コマンド	特徴
C	○	gcc	自由度や実行速度などを主に追求して作成された言語。プログラムの学習にもよく利用される言語です。プログラムを作成したら、コンパイルを行い、実行ファイルの作成が必要となります。
C++	○	g++	C言語をベースにオブジェクト指向などを使えるようにした言語。C同様にコンパイルを行い実行ファイルを作成します。
Java	× （gcj）	gcj	オブジェクト指向型のプログラム言語。C言語などに存在したセキュリティの欠点をなくすように設計されています。プログラムを実行させるプラットフォーム（OS）上にJava仮想マシンを搭載することで、どのOSでも同じ実行ファイルを利用できます。記述形式はCやC++などに似ています。
Perl	○	perl	コンパイルせずにそのまま実行できるスクリプト形式の言語。一時期Webアプリの開発言語として多く利用されていました。
Python	○	python3	Perl同様に作成したプログラムをそのまま実行できるスクリプト言語です。繰り返しなどのブロックをインデントで表すなど、視覚的に見やすくなっているのが特徴です。多数のライブラリも提供されています。
Ruby	○	ruby	オブジェクト指向のプログラミング言語です。テキスト関連の処理に優れているのが特徴です。日本人のまつもとゆきひろ氏が開発しています。
シェルスクリプト	○	sh、bashなど	Linuxのコマンド操作に利用するシェル上で動作するスクリプト言語。Raspbianの各種管理スクリプトなどに利用されています。shやbash、zshなど多数のシェルが存在します。

本書の電子工作の制御などでは、スクリプト型言語のPythonを利用した方法を中心にプログラミング方法を紹介します。Pythonの基本的な利用方法については、Chapter 5-3（p.153）で解説します。

📖 NOTE

Pythonのバージョン

Pythonでは複数のバージョンがリリースされています。現在の最新版はPython 3となっています。前バージョンのPython 2と最新版のPython 3では、一部の関数の利用方法などに違いがあり、Python 2で作成したプログラムをそのままPython 3で動作できないことがあります。また、Python 2は2020年4月にサポート終了すると発表されており、今後長く使うプログラムはPython 3での作成が必要です。本書ではPython 3で動作するプログラムを紹介しています。

Part
5

プログラムを作ってみよう

Part 5　プログラムを作ってみよう

マウス操作でプログラミングができる「Scratch」

　一般的にプログラミングは、テキストエディタなどで構文に従って文字で記述します。これは、テキストエディタさえあればプログラム作成ができるという利点がありますが、各種命令の利用方法を十分覚えておく必要があり、また視覚的にプログラムをすぐに把握できない、利用したい機能を提供する関数についてあらかじめ知っておく必要があるなど、プログラム初心者にとってはハードルが高く感じられるかもしれません。

　このような場合におすすめなのが「**Scratch（スクラッチ）**」です。Scratchは、あらかじめ用意されたグラフィカルなアイテムをマウスで配置するだけでプログラムを作成できるプログラミング言語（プログラム学習環境）です。命令名や関数名などをあらかじめ覚えておく必要がなく、視覚的にプログラミングが可能です。

●Scratchの開発画面

　ScratchはRaspbianに標準搭載されており、すぐに利用できます。電子工作で利用するGPIOの操作などもScratchから可能です。

　Scratchの基本的な利用方法については次ページのChapter 5-2で解説します。

Chapter 5-2 Scratchを使ってみよう

Scratchはプログラミングを学ぶために作られたプログラミング言語学習環境です。ブロック化された各命令を画面上に配置していくことでプログラムを作成できます。そのためプログラム経験の無いユーザーでも簡単にプログラミングできます。

ブロックを画面に配置するだけでプログラムを作成できる

　Scratchはマウスでブロック化された各命令を画面上に配置するだけでプログラムを作成できます。プログラミング初心者でも簡単にプログラミングできて、学習用途として最適です。Raspberry Piにはあらかじめ Scratch環境が用意されています。

» Scratchの起動と画面構成

　Scratchを利用するには、デスクトップ左上の🍓アイコンから「プログラミング」→「Scratch3」の順に選択します。

● Scratchの起動

NOTE

Scratch には複数のバージョンがある

Scratchには、現在Scratch、Scratch 2、Scratch 3の三つのバージョンがリリースされており、Raspbianにはそれぞれが導入されています。バージョンが新しいほど機能が拡張されたり、ユーザーインタフェースのデザインが洗練されていたりします。
最新バージョンを利用するのが良いのですが、新しいバージョンになるほどプログラムが重くなり、初期のRaspberry PiやRaspberry Pi Zeroといった低スペックのRaspberry Piでは、動作が遅くストレスです。この場合は旧バージョンのScratchを使うことをおすすめします。基本機能は最新バージョンと同じなので、Scratch 3と同じようにプログラムの作成が可能です。
本書はScratch 3を使った方法で紹介しますが、Scratchでのプログラム作成についても紹介します。

● 旧バージョンのScratch

Part 5　プログラムを作ってみよう

» Scratchの編集画面

Scratchの編集画面はいくつかのエリアに分かれています。それぞれのエリアの用途は次の通りです。

●Scratchの画面

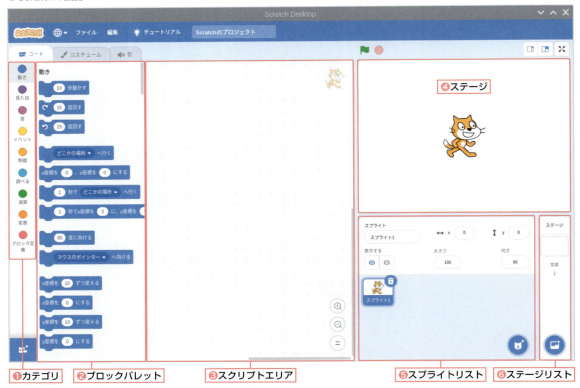

❶カテゴリ
ブロックパレットに一覧表示するブロックの種類を選択します。

❷ブロックパレット
カテゴリごとのブロック（命令）が一覧表示されます。
ここからマウスで右のスクリプトエリアにドラッグ＆ドロップすることでブロックを配置できます。

❸スクリプトエリア
ここにブロックを配置しながらプログラムを作成します。

❹ステージ
プログラムの実行結果が表示されます。

❺スプライトリスト
利用するキャラクターなどを一覧表示します。

❻ステージリスト
複数のステージを登録することで、場面を切り替えることができます。

Chapter 5-2　Scratchを使ってみよう

POINT

WebブラウザでScratchを使う

Scratchのサイト（http://scratch.mit.edu/）へアクセスすると、ブラウザを使ってScratchでプログラミングが行えます。このサイトを利用すれば、インストールすることなくWindowsやmacOSでScratchのプログラミングを試せます。
プログラムの作成を行うには、Webサイトにアクセスし、画面上部のメニューにある「作る」をクリックします。編集画面が表示され、Raspberry Pi上のScratchと同じようにプログラミングが行えます。

●WebサイトでScratchのプログラミングが可能

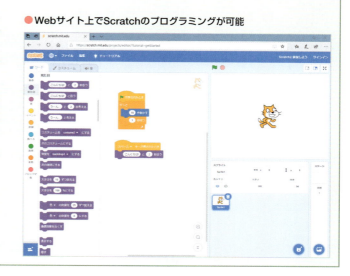

Scratchでプログラムを作る

　Scratchが起動したら実際にプログラムを作成してみましょう。ここでは、画面上に表示されている猫のキャラクターを右に動かすプログラムを作成してみます。

　プログラムを作成するには、画面左の「ブロックパレット」から、使用したいブロックを中央の「スクリプトエリア」にドラッグ＆ドロップして配置します。

　初めに実行を開始するブロックを配置します。「制御」カテゴリをクリックしてブロックパレットの表示を切り替え、「▶が押されたとき」ブロックをスクリプトエリアへドラッグ＆ドロップして配置します。次に「動き」カテゴリにある「10歩動かす」ブロックを同様に配置します。この際、既に配置されている「▶が押されたとき」ブロックの下に貼り付けるようにドラッグ＆ドロップします。

●猫のキャラクターを動かすプログラムの作成

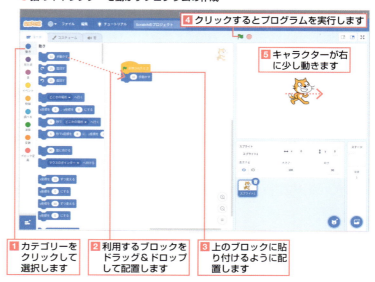

145

これでプログラムが完成しました。プログラムを実行するには、「ステージ」左上にある🚩アイコンをクリックします。猫のキャラクターが右に移動します。

> **NOTE 配置したブロックを変更する**
> スクリプトエリアに配置したブロックの並びを変更したい場合には、移動するブロックをドラッグすることで、結合しているブロックが離れて他の場所に移動できます。
> 複数のブロックが結合されている場合は、ドラッグしたブロックから下に結合されているブロックは、結合したまま一緒に移動します。

> **NOTE ブロックの削除・複製**
> 不要なブロックは、ブロック上で右クリックして表示されるメニューから「ブロック削除」を選択して削除できます。
> 既に配置しているブロック上で右クリックして「複製」を選択すると、同じブロックが複製されてスクリプトエリア上に配置されます。

> **POINT 「○歩動かす」ブロック**
> 「○歩動かす」ブロックに指定した値は、移動するピクセル数を表します。2歩動かすと指定した場合は2ピクセル分動きます。キャラクターが2歩動くわけではないので注意しましょう。

同じ処理を繰り返す

前で紹介したプログラムでは、キャラクターが少し右に動いただけでプログラムが終了してしまいます。

キャラクターをさらに右に移動したい場合は、右図のように「10歩動かす」ブロックをさらに付け加えることで実現できます。ここでは、動作がわかりやすいように「1秒待つ」ブロックを間に入れて少し歩いたら1秒停止し、そのあとさらに右に少し動くようにしています。

しかし、ずっと同じ処理を繰り返す場合、この方法ではブロックを永遠に接続する必要があります。このような場合は、繰り返し処理するブロックを使用することで、同じ処理を実現できます。

繰り返し実行するブロックは「制御」カテゴリーに格納されています。繰り返しブロックは「コ」の逆向きの形状で、中に配置したブロックを繰り返します。

永続的に同じ処理を繰り返すならば「ずっと」ブロックを利用します。この中に「10歩動かす」と「1秒待つ」ブロックを配置すると、前述したようなブロックを何個もつなげなくても、キャラクターが右に移動し続けます。

● ブロックをさらに付け加えて同じ処理を行う

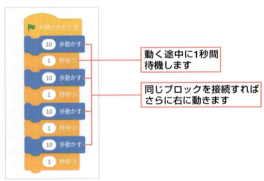

動く途中に1秒間待機します

同じブロックを接続すればさらに右に動きます

● 同じ処理を繰り返す

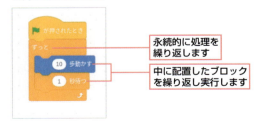

永続的に処理を繰り返します

中に配置したブロックを繰り返し実行します

📖 NOTE

プログラムを中止する

「ずっと」ブロックを使用した場合、プログラムを実行すると永遠に実行し続けてしまいます。もし、プログラムの実行を止めたい場合は、ステージエリアの左上にある●をクリックします。

📖 NOTE

キャラクターを元の位置に戻す

このプログラムを実行すると、猫のキャラクターが右端に移動して、次に実行した際に動かなくなってしまいます。この場合は、ステージエリア上のキャラクターを左にドラッグ＆ドロップすることで元の位置に戻せます。

値を格納しておく「変数」

　計算結果や処理回数のカウント、現在の状態など、特定の情報を一時的に保存しておきたい場合があります。この場合は「**変数**」と呼ばれる、値を格納する機能を利用します。

　変数とはいわば「箱」のようなもので、数や文字などの情報を一時的に保存しておけます。変数に保存している値は自由に取り出して計算や比較、表示などに利用できます。

　Scratchで変数を利用するには、「変数」カテゴリをクリックします。次に「変数を作る」ボタンをクリックして変数を新規作成します。ダイアログボックスが表示されるので、任意の変数の名称（変数名。漢字も利用可）を入力して「OK」ボタンをクリックします。

　これで変数が作成できました。作成した変数はブロックパレットに一覧表示されます。

● 変数の作成

実際に変数を利用してみましょう。ここではキャラクターが1回の処理で動く距離を変数で変更できるようにします。

①「変数」カテゴリの「・・・を◯にする」ブロックで変数の内容を変更できます。ここでは、作成した「step」変数に移動距離を入力します。

②変数を使用する場合は、角丸の矩形に変数名が表示されているブロックを配置します。例えば、歩く距離に変数の値を利用するには「◯歩動かす」のブロックの数字が入っている部分（初期状態では「10」）に「step」ブロックをドラッグ＆ドロップします。

これで、1回に歩く距離を変数に格納された値を利用するようになります。「stepを◯にする」の値を変更して実行すると、動くスピードが変化するのが分かります。

●変数をプログラムで使う

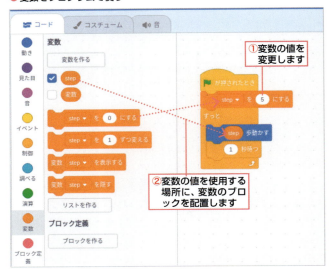

NOTE

変数の値を表示する

現在、変数内の値がどうなっているかを調べるには、ブロックパレットにある調べたい変数の左のチェックボックスにチェックを入れます。すると、ステージの左上に現在の変数の値が表示されます。

NOTE

待機する時間を変更する

動く速度は、「◯歩動かす」ブロックで動く量を変更するほか、「◯秒待つ」ブロックの待機時間を短くしても速く動かすことが可能です。「step」変数同様に「wait」変数を作成して「◯秒待つ」ブロックに入れることで、変数の値によって動く速度を調節できます。

条件によって処理を分岐する

　プログラムの基本的な命令の1つとして「**条件分岐**」があります。条件分岐とは、ある条件によって、実行する処理を切り替えられる命令です。例えば、「所定のキーが押されている間はキャラクターを動かし、離したら止める」「特定の時間になるまで処理を待機し、時間になったら処理を実行する」「計算の結果が特定の値以上の場合に処理を実行する」などといったことが可能です。

　条件分岐するには、「条件式」と「条件分岐」について理解する必要があります。

» 条件式で判別する

　条件分岐をするには、分岐する判断材料が必要となります。この判断に利用する式のことを「**条件式**」といいます。条件式はScratchの「演算」カテゴリーに格納されています。

　条件式には、主に次の3つがあります。

①「○＝○」ブロックは、左と右の値が同じかどうかを判断する式です。右図のようにした場合はvalue変数の値が「1」になった時、条件が成立したと判断します。

②「○＜○」ブロックは、左の値が右より小さいかどうかを判断する式です。右図のようにした場合は、value変数の値が「10」より小さい時に条件が成立したと判断します。

●条件式のブロック

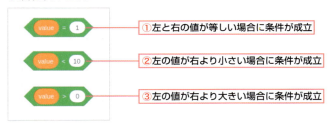

③「○＞○」ブロックは、左の値が右より大きいかどうかを判断する式です。右図のようにした場合はvalue変数の値が「0」より大きい時に条件が成立したと判断します。

　複数の条件式を組み合わせることもできます。この際利用するのが「○かつ○」ブロックと「○または○」ブロックです。それぞれ、左右に前述した条件式を入れられます。

① 「○かつ○」ブロックは、右と左に入れた条件式のどちらも成立している場合に条件が成立したと判断します。右図の例ではvalueの値が0よりも大きく、10よりも小さいと成立したこととなります。

② 「○または○」ブロックは、右または左のどちらか一方の条件式が成立していれば、条件が成立していたと判断します。右図の例では、valueの値が1か10ならば成立したと判断します。

●複数の条件式のブロック

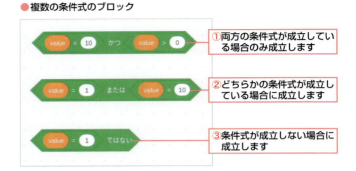

① 両方の条件式が成立している場合のみ成立します

② どちらかの条件式が成立している場合に成立します

③ 条件式が成立しない場合に成立します

③ 「○ではない」ブロックでは、条件式が成立しない場合に、成立したと判断します。上図の例ではvalueの値が1以外の場合に成立したことになります。

» 条件分岐で処理を分ける

条件式で判断した結果は、条件分岐ブロックを利用して処理を分けられます。条件分岐は「制御」カテゴリーに格納されています。いくつか条件分岐のブロックがありますが、「もし〜なら」ブロックと、「もし〜なら・・・でなければ・・・」ブロックの使い方を覚えておくと良いでしょう。

① 「もし〜なら」ブロックは、「もし」と「なら」の間に入れた条件式のブロックが成立している場合にその下に入れたブロックを実行します。

② 「もし〜なら・・・でなければ・・・」ブロックは、条件式が成立する場合には「もし〜なら」の下にあるブロックを実行します（② a）。もし、成立しない場合は「でなければ」以下のブロックを実行します（② b）。

●条件判別のブロック

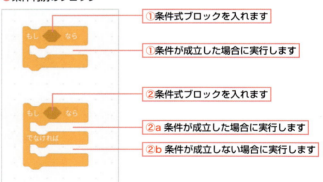

① 条件式ブロックを入れます

① 条件が成立した場合に実行します

② 条件式ブロックを入れます

② a 条件が成立した場合に実行します

② b 条件が成立しない場合に実行します

2つのコスチュームを切り替えて猫を歩かせる

いままで説明した命令を利用してプログラムを作ってみましょう。前述した猫のキャラクターを歩かせる方法では、1枚の画像を動かしているため、滑っているような動きになっています。そこで、2枚の画像を利用して交互に表示を切り替えることで、猫が歩いて動いているプログラムを作ってみましょう。

Chapter 5-2 ▌ Scratchを使ってみよう

1 Scratchの新規作成の状態では、2枚の猫の絵があらかじめセットされています。セットされている絵（コスチューム）を確認するには「コスチューム」タブをクリックします。すると、コスチューム1とコスチューム2の画像がセットされているのがわかります。それぞれのコスチュームの左上にある番号がそれぞれのコスチュームに割り当てられている番号となります。

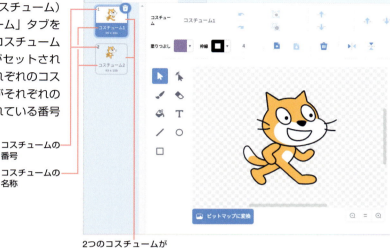

コスチュームの番号
コスチュームの名称
2つのコスチュームがセットされています

2 コスチュームの確認ができたら、「スクリプト」タブをクリックして、図のようにスクリプトを作成します。
「コスチュームを・・・にする」ブロックで初めに表示するコスチュームを選択します。歩くように見せるため絵を切り替える処理は、「もし・・・でなければ・・・」ブロックを利用します。「コスチュームの番号」ブロックでは、現在表示中のコスチュームの番号（コスチューム一覧の左上の番号）を確認できます。条件式を利用することで、現在表示中のコスチュームによって処理を切り替えられます。コスチューム1の場合はコスチューム2に切り替え、コスチューム2の場合はコスチューム1に切り替えるようにします。
切り替えた後に猫を動かして、1秒間待機するようにします。

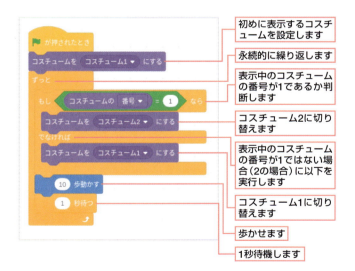

初めに表示するコスチュームを設定します
永続的に繰り返します
表示中のコスチュームの番号が1であるか判断します
コスチューム2に切り替えます
表示中のコスチュームの番号が1ではない場合（2の場合）に以下を実行します
コスチューム1に切り替えます
歩かせます
1秒待機します

Part 5 プログラムを作ってみよう

151

3 作成後に実行すると、コスチュームを切り替えながら右に動きます。

NOTE

「次のコスチュームにする」ブロックで簡単に作成

本誌の例では、条件判別の使い方の説明のため、「もし・・・でなければ・・・」ブロック使ってコスチュームを切り替える方法を説明しました。しかし、コスチュームを順番に切り替えるだけならば、「次のコスチュームにする」ブロックを使うことでプログラムを短くできます。

● **「次のコスチュームにする」ブロックを使ってプログラムを短くする**

Chapter 5-3　Pythonを使ってみよう

Pythonは、記述したスクリプトをコンパイルしないでそのまま実行可能なプログラミング言語です。文法が簡単であるのに加え、インデントで繰り返しなどのブロックを表すなど視覚的にも見やすいのが特長です。ここでは、Pythonの基本的なプログラミング方法を解説します。

Pythonでのプログラミングの基本

Pythonのプログラムはテキストエディタを利用して作成します。GUIテキストエディタを利用する場合は「Mousepad」などを、CLIテキストエディタを利用する場合は「nano」などを起動します。テキストエディタの起動や編集方法などについてはp.73を参照してください。

最初に簡単なプログラムを作成してみましょう。ここでは、画面に「Enjoy Raspberry Pi!」と表示するプログラムを作成してみます。

文字列などを表示するには「**print**」という関数（命令）を利用します。この後にダブルクォーテイション（"）やシングルクォーテイション（'）記号で表示したい文字列をくくります。右のように記述します。なお、Python3ではPrintで表示する内容を括弧でくくらないとエラーになるので注意しましょう。

●Pythonで画面に文字を表示するプログラム

sotech/5-3/print.py

```
print ( "Enjoy Raspberry Pi!" )
```

入力が完了したら、編集内容を任意のファイルに保存してテキストエディタを終了します。この際、ファイル名に特に決まりはありませんが、「**.py**」と拡張子を付加しておくとPyhtonのプログラムだと判断しやすくなります。ここでは、「print.py」として保存することにします。

NOTE

Pythonの開発環境「Thonny」

Pythonのプログラム開発には、テキストエディタを使うほかに開発環境を使う方法があります。RaspbianにはPython開発環境の「Thonny」があらかじめ用意されています。Thonnyを利用して開発すると、記述したプログラムをツールバー上にある「Run」アイコンをクリックすることですぐに実行できます。デバック機能もあり、ワンステップずつ実行したり、利用している変数の内容を一覧して表示したりできます。
Thonnyは、Raspberry Piのデスクトップ左上の🍓アイコンをクリックしてから「プログラミング」➡「Thonny Python IDE」を選択すると、簡易モードで起動できます。高機能な通常モードで利用する場合は、画面左上に表示されている「Switch to regular mode」をクリックします。通常モードは高い処理性能が必要なので、Raspberry Pi Zeroのような処理能力が低いエディションでは簡易モードで利用すると快適に使えます。

●Pythonの開発環境「Thonny」

POINT

日本語を使用する

プログラム中でひらがなやカタカナ、漢字といった日本語の文字を使用したい場合は、あらかじめ使用する文字コードを指定しておきます。通常は「UTF-8」というコードを指定しておきます。指定には、プログラムファイルの先頭に次のように記載しておきます。

```
# -*- coding: utf-8 -*-
```

» 作成したプログラムを実行する

作成したプログラムを実行してみましょう。

実行には端末アプリを使用します。「**python3**」コマンドのあとに作成したPythonのプログラムファイルを指定します。前述した「print.py」であれば、右のように実行します。

画面上に「Enjoy Raspberry Pi!」と表示されます。

● Pythonプログラムの実行

```
$ python3 print.py [Enter]
```

● 文字列を表示するプログラムの実行結果

NOTE

Python3 での実行

Python3を利用する場合は、実行コマンドを「python3」のように「3」を付ける必要があります。もし3を省略して「python」と実行すると、Python2環境で実行してしまうので注意しましょう。

NOTE

ファイル名だけで実行する

Pythonのプログラムは、いくつかの工夫をすることで「python3」コマンドを指定せずに、ファイル名を指定するだけでプログラムの実行が行えます。ファイル名だけで実行するには、まずプログラムの先頭に次の1行を追記します。

```
#! /usr/bin/env /usr/bin/python3
```

次に、ファイルに実行権限を付加します。Linuxのファイルには「読み込み」「書き込み」「実行」の3つの権限が設定されており、これらを有効にすることで読み書き、実行のそれぞれを許可できます。つまり、Pythonのプログラムファイルに実行権限を付加することで、そのままファイルを実行できます。実行権限を付加するには「chmod」コマンドを利用します。

```
$ chmod +x print.py [Enter]
```

「+x」は、実行権限を付加するという意味です。これでファイルを直接実行できるようになりました。実行するにはパス表記（p.76参照）でファイルを指定します。同一フォルダ内にあるファイルを実行するには、現在のフォルダを表す「./」をファイル名の前に付加します。次のように実行します。

```
$ ./print.py [Enter]
```

ちなみに、プログラムの冒頭に「#! /usr/bin/env /usr/bin/python3」を付加した状態で、pyhton3コマンドを用いて実行しても問題ありません。そこで、本書で紹介するサンプルプログラムでは、上述した一行を記述しています。

Chapter 5-3 ‖ Pythonを使ってみよう

値を保存しておく「変数」

　計算結果や状態などを保存しておくために、Scratchでは**「変数」**ブロックを作成しました。Pythonでも、変数を利用することで値を保存できます。

　変数は、「変数名 = 値」と指定することで定義され、利用できるようになります。変数名にはアルファベット、数字、記号の「_」（アンダーバー）が使用できます。大文字と小文字は区別されるので気をつけましょう。

POINT

変数名には予約語を使用できない
変数名の指定には「予約語」と呼ばれるいくつかの文字列を指定できます。例えば「if」「while」「for」などがあります。

　例えば、「value」という変数に「1」を格納する場合は、右のように記述します。

```
value = 1
```

　valueの値を変更する場合は、変更する値を指定します。右のように記述すると、値が「1」から「10」に変更されます。

```
value = 10
```

　変数には、数字以外の文字列も格納できます。文字列を格納する場合は、ダブルクォーテイション（"）で文字列をくくります。

　例えば「string_value」変数に「Raspberry Pi」と格納したい場合は、右のように記述します。

```
string_value = "Raspberry Pi"
```

　変数を使用するには、使いたい場所に変数名を指定します。例えばvalueに格納した値を画面に表示したい場合は、print関数に変数名を指定します。

```
print value
```

●変数を利用したプログラム例

sotech/5-3/calc.py

```
#! /usr/bin/env /usr/bin/python3
# -*- coding: utf-8 -*-

value1 = 10                                        ①割られる数を変数に格納します

value2 = 3                                         ②割る数を変数に格納します

answer1 = int( value1 / value2 )                   ③割った商を変数に格納します

answer2 = value1 % value2                          ④割った余りを変数に格納します
                                                   ⑤計算式を表示します
print ( "計算式:" + str( value1 ) + " ÷ " + str( value2 ) )
print ("答え：商" + str( answer1 ) + " 余り" + str( answer2 ) )
                                                   ⑤答えを表示します
```

変数を利用したプログラムの例を右に示しました。ここでは、「calc.py」ファイルとしてプログラムに保存します。このプログラムでは、「value1」の値を「value2」の値で割り、その商と余りを表示します。

①「value1」と②「value2」に計算する数値を入れます。

③「answer1」に商の計算をします。この際「int」関数を利用することで、整数部分のみが切り取られます。④余りは「％」で計算することで求められます。

⑤求めた結果は「print」関数で表示します。この際、文字列と変数の値をつなげる場合は、「+」を入れます。ただし、文字列と数字を直接つなげると、エラーとなり表示できません。そこで、数字を文字列に変換する「str」関数を利用します。この関数内に指定した数字は文字列として扱われます。

プログラムを作成して実行すると、商と余りが表示されます。value1とvalue2に値を変更すれば、答えが変化します。

●文字列を表示するプログラムの実行結果

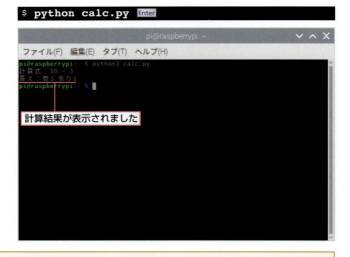

🔑 Keyword

文字列と数値

Pythonには値の型（主に数値と文字列）があります。数値とは「1」や「10」などの数のことです。文字列は「Python」や「ラズベリーパイ」などといった文字を並べたものです。この異なった型の値は、そのままつなぎ合わせることはできません。つなぎ合わせるには型の変換が必要となります。

同じ処理を繰り返す

Pythonで同じ処理を繰り返すには「**while**」文を利用します。whileの記述方法は下図のようになります。

while文は、その後に指定した条件式が成立している間、繰り返しを続けます。条件式が成立しなくなったところで、繰り返しをやめて次の処理に進みます。もし、永続的に繰り返しを続けるようにしたい場合は、条件式を「True」と記述しておきます。

while文の条件式の後には必ず「:」を付加します。この後が繰り返しの内容となります。繰り返しの内容を記述する場合は、必ず行頭にスペースやタブを入れます。このようなスペースを入れることを「**インデント**」といいます。インデントされている部分が繰り返しの範囲となります。また、インデントするスペースやタブの数はそろえる必要があります。

繰り返しを利用したプログラムの例を右に示しました。ここでは「count_up.py」ファイルとしてプログラムを保存します。

①プログラムでは、「count」変数にカウントした値を格納していきます。

②繰り返し中は、count変数の値を1増やしてから、③printで現在のカウントの値を表示します。

④「time.sleep(秒数)」と指定することで、指定した時間だけ一時停止します。

プログラムが作成したら実行してみましょう。1秒ごとにカウントされ、その値が表示されます。繰り返しの条件式を「True」としているため、いつまでもカウントを継続します。プログラムを中止したい場合は Ctrl キーと C キーを同時に押してキャンセルします。

● 「while」での繰り返し

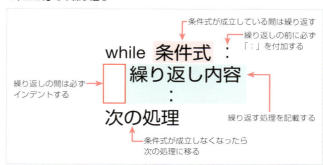

● while文を利用したプログラム例

```
#! /usr/bin/env /usr/bin/python3
# -*- coding: utf-8 -*-
import time

count = 0
while True:
    count = count + 1
    print ( "カウント:" + str(count) )
    time.sleep(1)
```

sotech/5-3/count_up.py

①カウント中の数を格納します
②カウントを1増やします
③現在のカウントした数を表示します
④1秒間待機します

● 繰り返し実行するプログラムの実行結果

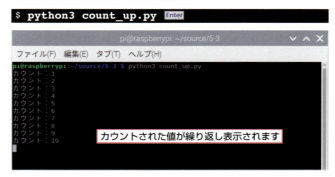

Part 5 ■■■ プログラムを作ってみよう

📖 **NOTE**

ライブラリのインポート

Pythonでは「**ライブラリ**」という形式で、プログラムで使用できる関数などを追加できます。この必要なライブラリをプログラムで使用できるようにするには「**インポート**」する必要があります。インポートには「**import**」を利用し、読み込むライブラリ名を指定します。例えば次のようにプログラムの中で指定すれば、時間関連の関数が用意されたtimeライブラリを使えるようになります。

```
import time
```

なお、カンマで区切って複数のライブラリを指定することも可能です。

条件によって処理を分岐する

条件によって処理を分ける場合も、Scratch同様に条件分岐文に条件式を指定することで実現できます。

» 条件式で判別する

Pythonで判別に利用できる条件式には、「比較演算子」を使用します。比較演算子には右のようなものが利用可能です。

● **Pythonで利用できる比較演算子**

比較演算子	意味
A == B	AとBが等しい場合に成立する
A != B	AとBが等しくない場合に成立する
A < B	AがBより小さい場合に成立する
A <= B	AがB以下の場合に成立する
A > B	AがBより大きい場合に成立する
A >= B	AがB以上の場合に成立する

例えば、変数「value」が10であるかどうかを確認する場合は、右のように記述します。

```
value == 10
```

複数の条件式を合わせて判断することも可能です。判別には右のような演算子が使用できます。

● **複数の条件式を同時に判断に使用できる演算子**

演算子	意味
A and B	A、Bの条件式がどちらも成立している場合のみ成立します
A or B	A、Bのどちらかの条件式が成立した場合に成立します

例えば、valueの値が0以上10以下であるかを判別するには、右のように記述します。

```
value >= 0 and value <= 10
```

条件分岐で処理を分ける

条件式の結果で処理を分けるには、「**if**」文を使用します。ifは右のように使用します。

ifは、その後に指定した条件式を確認します。もし、成立している場合はその次の行に記載されている処理をします。また、「else」を使用することで、条件式が成立しない場合に行う処理を指定できます。この「else」は省略可能です。

ifを利用する場合は、while同様に条件式および「else」の後に「:」を必ず付加します。さらに、分岐した後に実行する内容は、必ずインデントしておきます。

●「if」文での条件分岐

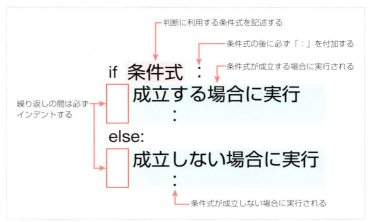

条件式と条件分岐を利用したプログラム例を右に示しました。ここでは「even_odd.py」ファイルに保存することにします。このプログラムでは、①「value」に格納した値が偶数か奇数かを判別します。

②プログラムでは、valueの値を2で割った余りをanswer変数に格納します。

③if文では、④answerの値が「0」の場合は「偶数です」と表示し、⑤「0」でない場合は「奇数です」と表示するようにしています。

●if文を利用したプログラム例

sotech/5-3/even_odd.py

```
#! /usr/bin/env /usr/bin/python3
# -*- coding: utf-8 -*-

value = 7          ①判別の対象となる数値をvalue変数に格納します

answer = value % 2 ②2で割った余りをanswerに格納します

if answer == 0:    ③answerが「0」であるかを判別します
    print ( str(value) + "は、偶数です。" )
                   ④answerが「0」の場合に表示します
else:
    print ( str(value) + "は、奇数です。" )
                   ⑤answerが「0」以外の場合に表示します
```

プログラムを作成して実行すると、valueの値が偶数か奇数かを判断します。また、valueの値を変更すれば、答えが変わります。

●偶数か奇数かを判断するプログラムの実行結果

Part 6

電子回路を
Raspberry Piで制御する

Raspberry Piに搭載されているGPIOインタフェース
を利用すれば、デジタル信号などの入出力が行えます。
GPIOを利用して電子回路を作成すれば、Raspberry Pi
で制御できます。

Chapter 6-1　Raspberry Piで電子回路を操作する
Chapter 6-2　電子部品の購入
Chapter 6-3　電子回路入門
Chapter 6-4　LEDを点灯・点滅させる
Chapter 6-5　スイッチの状態を読み込む
Chapter 6-6　扇風機を制御する

Part 6 ||| 電子回路をRaspberry Piで制御する

Chapter 6-1

Raspberry Piで
電子回路を操作する

Raspberry Piに搭載するGPIOを利用すれば、電子回路を制御できます。電子回路を制御するために、
Raspberry PiでGPIOを利用する準備をしましょう。

Raspberry Piで電子回路を制御できる

　私たちの周りにある電気スタンド、ドライヤー、デジタル時計などの簡単な機器から、パソコンやスマートフォン、テレビなど高機能な機器まで、ほとんどの電化製品には**電子回路**が搭載されています。電子回路は、様々な機能を持つ部品に電気を流して制御します。例えばテレビであれば、スイッチを入れると画面に映像が映ります。これは、電子回路でスイッチが押されたことを認識して、放送電波の受信➡電波の解析➡映像信号を画面へ表示、などの一連の処理が実行されるためです。

　電子回路はユーザーでも設計して作成できます。しかし、すべてを設計するとなると、電気回路の深い知識が必要です。例えばロボットを作りたい場合、モーターを動かす回路、どのようにモーターを動かすかを命令する回路、センサーを制御する回路、センサーから取得した情報を処理する回路、モーターなどに電気を供給する回路など、たくさんの回路について考えて組み合わせる必要があります。

　しかし、Raspberry Piを利用すれば、複雑な回路であっても比較的簡単に作れます。Raspberry Piはコンピュータですから、モーターをどのように動かすかやセンサーで取得した情報処理などを、Raspberry Pi上でプログラムを作成して処理できます。

　もちろん複雑なシステムだけでなく、ランプを点灯させたり、センサーから各情報を入力したりといった、簡単な電子回路も操作できますので、電子回路の学習にも適しています。

» GPIOで電子回路を操作

　Raspberry Piで電子回路を操作するには、「**GPIO**（General Purpose Input/Output：**汎用入出力**）」と呼ばれるインタフェースを利用します。Raspberry Piの左上に付いているピン上の端子がGPIOです。ピンは40本搭載されています。ここから導線で電子回路に接続して、Raspberry Piから操作したり、センサーの情報をRaspberry Piで受け取るなどします。

　端子は左下が1番、その上が2番、右隣の下が3番、その上が4番といったように番号が付けられています。それぞれの端子は利用用途が決まっており、電子回路の用途に応じて必要な端子に接続します。

Chapter 6-1 ▌Raspberry Piで電子回路を操作する

● ボードの左上に搭載されているGPIOに電子回路を接続します（左はRaspberry Pi 4 Model B、右はRaspberry Pi Zero W）

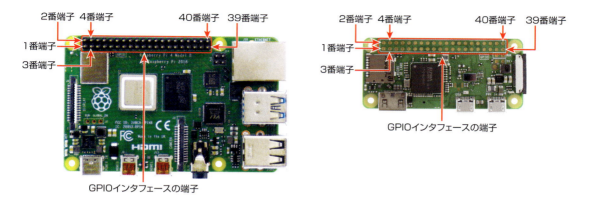

● GPIOの各端子の番号と用途

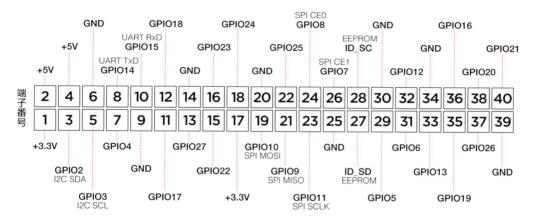

　GPIOには2つの異なる機能を搭載する端子もあり、モードを切り替えることで用途を変更できます。例えば、3番端子は「GPIO」の入出力とI²Cのデータ送受信の機能を切り替えられます。
　各端子の用途や利用方法については、実際に端子を利用する際に説明します。

> **NOTE**
>
> **Raspberry Pi Zero / Zero W の GPIO はピンヘッダの取り付けが必要**
> Raspberry Pi Zero / Zero Wでブレッドボードやジャンパー線を利用する場合は、**ピンヘッダ**を取り付ける必要があります。詳しくはp.167のNOTE「Raspberry Pi Zero / Zero Wへのピンヘッダの取り付け」を参照してください。

Raspberry PiのGPIOを操作する準備

Raspberry PiでプログラムでGPIOを操作するには、あらかじめGPIOの**ライブラリ**の用意などの準備が必要です。ここでは、ScratchとPythonでGPIOを利用するための準備について説明します。

» ScratchでGPIOを利用する

Scratch 3でGPIOを利用するには、拡張機能を追加する必要があります。画面左下にあるアイコンをクリックします。

すると利用可能な拡張機能が一覧表示されます。この中の「Raspberry Pi GPIO」をクリックします。

これで、「Raspberry Pi GPIO」カテゴリーが追加され、GPIO制御用のブロックが利用できるようになります。

> **NOTE**
> **Scratch 3のGPIO制御機能**
> Scratch 3のGPIO制御では、デジタル入出力の制御に限られます。PWMやI²Cといった制御はできません。

📖 NOTE

ScratchでGPIOを制御する

Scratch 3ではなくScratchでもGPIOの制御が可能です。Scratch 3とは使い方が異なるので解説します。
ScratchでGPIOを利用するには、GPIOサーバーの起動が必要です。Scratchを起動して、「編集」メニューの「GPIOサーバーを開始」を選択します。これで、GPIOの操作が可能になります。

プログラム内でGPIOサーバーを開始することもできます。「🚩 がクリックされたとき」ブロックの後に「・・・を送る」ブロックを配置します。

「・・・を送る」ブロック内の🚩をクリックして「新規/編集」を選択します。

表示されたらダイアログに「gpioserveron」と入力します。これで、プログラムを実行するとGPIOサーバーが起動するようになります。
逆に、プログラム内でGPIOを無効にしたい場合は「・・・を送る」ブロックを配置して「gpioserveroff」を設定します。

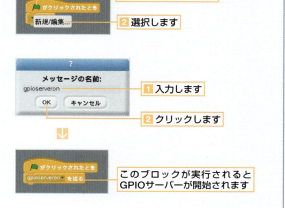

Part6 ||| 電子回路をRaspberry Piで制御する

> **NOTE**
>
> **Scratch 2 での GPIO 制御**
> Scratch 2でもGPIOの制御が可能です。カテゴリの「その他」にある「拡張機能を追加」を選択し、「Pi GPIO」を選択することでGPIO制御用のブロックが追加されます。なお、本書ではScratch 2を利用した制御方法については説明しません。

» PythonでGPIOを利用する

PythonでGPIOを利用する場合は、実行するスクリプトの最初にGPIOのライブラリを読み込むようにします。読み込むには、右のように記述します。

● **GPIOライブラリの読み込み**

```
import RPi.GPIO as GPIO
```

次にGPIOの端子の配列を設定します。Raspberry Piでは、利用する端子を指定する際に**Broadcom**チップに準拠した形式と、ボード上の端子番号を指定する形式の2つから選択できます。Broadcomチップに準拠した形式の場合、それぞれの端子に割り当てられたGPIOの番号を指定します。例えば7番端子を利用する場合は、割り当てられたGPIO番号の「4」を指定することになります。一方、ボードの端子番号を選択した場合は「7」を指定します。

Broadcomチップに準拠した形式にする場合は、右のように記述します。

● **Broadcomチップに準拠**

```
GPIO.setmode(GPIO.BCM)
```

ボードの端子番号を利用する場合は、右のように記述します。

本書ではBroadcomチップに準拠した形式を利用します。

また、プログラムの最後にはGPIOの状態を解放します。もし、解放しない状態にしておくと、GPIOの出力がそのままとなり、ほかの処理に影響を及ぼすことがあります。また、次にプログラムを起動すると警告メッセージが表示されます。そこで、終了する前に、右のように記述します。

● **ボードの端子番号を利用**

```
GPIO.setmode(GPIO.BOARD)
```

● **GPIOの初期化**

```
GPIO.cleanup()
```

これで、PythonでGPIOが利用できるようになります。それぞれのプログラムの方法については、p.184以降を参照してください。

166

NOTE

再度プログラムを実行した際の警告メッセージ

GPIO.cleanup()をせずにプログラムを終了し、再度プログラムを実行すると、「RuntimeWarning: This channel is already in use, continuing anyway.」と警告メッセージが表示されます。この警告メッセージは、以前利用したGPIOが既に設定されている状態だということを表しています。警告メッセージが出ても、ほとんどの場合はプログラムの実行に影響しません。
永続的に繰り返すプログラムでのGPIO.cleanup()の方法については、p.189で説明します。

POINT

GPIOが制御できない

GPIOが正常に制御できない場合は、p.61を参照してアップデートをしておきましょう。

NOTE

Raspberry Pi Zero / Zero W へのピンヘッダの取り付け

Raspberry Pi Zero、Zero Wは出荷状態では**ピンヘッダ**が取り付けられていません。ジャンパー線やブレッドボードを用いて電子回路を作成する場合は、ユーザーがピンヘッダを独自に取り付ける必要があります。2列40ピンのピンヘッダを購入し、Raspberry Pi ZeroのGPIOにある穴に差し込んで、裏からはんだで固定します。

●2列40ピンのピンヘッダーをRaspberry Pi Zero / Zero WのGPIOにはんだ付けする

また、「GPIO Hammer Header」を利用すると、はんだ付けしなくてもピンヘッダを取り付けることが可能です。GPIO Hammer Headerの治具をRaspberry Pi Zeroに取り付け、ピンヘッダをハンマーなどで上からたたくことでRaspberry Pi Zero / Zero Wに固定されます。
GPIO Hammer Headerは、スイッチサイエンスやKSYで約700円で販売されています。オス、メス型のピンヘッダ同梱されており、取り付けるピンヘッダを選択できます。
なお、Raspberry Pi Zero WHについては、あらかじめピンヘッダが取り付けられています。ピンヘッダの取り付けに自信が無い場合は、Zero WHを購入すると良いでしょう。

●ハンマーでたたくだけで取り付けられる「GPIO Hammer Header」

Part 6 ┃┃ 電子回路をRaspberry Piで制御する

Chapter 6-2　電子部品の購入

Raspberry Piで電子回路を動作させるには、電子回路に使う部品などをそろえる必要があります。ここでは、電子部品の購入先や、購入しておく部品について紹介します。

電子部品の購入先

電子部品は、一般的に電子パーツ店で入手できます。東京の秋葉原や名古屋の大須、大阪の日本橋周辺に電子パーツを取り扱う店舗があります。主な店舗についてはp.278で紹介しています。

このほかにも、東急ハンズやDIYショップなどで一部の部品購入が可能です。ただし、これらの店舗では種類が少ないため、そろわない部品については電子パーツ店などの専門店で入手する必要があります。

» 通販サイトで購入する

電子パーツ店が近くにない場合は、通販サイトを利用すると良いでしょう。電子パーツの通販サイトについてはp.278で紹介しています。

千石電商（https://www.sengoku.co.jp/）や**秋月電子通商**（http://akizukidenshi.com/）、**マルツパーツ**（https://www.marutsu.co.jp/）などは、多くの電子部品をそろえています。また、**スイッチサイエンス**（https://www.switch-science.com/）や**ストロベリー・リナックス**（https://strawberry-linux.com/）では、Raspberry Piなどのマイコンボードや、センサーなどの機能デバイスをすぐに利用できるようにボード化した商品が販売されています。秋月電子通商やスイッチサイエンスなどでは液晶ディスプレイなど独自のキット製品を販売しています。

おすすめの電子部品

Raspberry Piで電子回路を利用する場合に必要な主要部品を紹介します。なお、ここで説明していない部品で必要なものについては、各Chapterで紹介しています。

📖 NOTE

本書で利用した部品や製品について
本書で利用した部品や製品についてはp.284にまとめました。準備や購入の際の参考にしてください。

Chapter 6-2 ▌▌ 電子部品の購入

» ブレッドボード

　一般的に、電子回路を作成する方法として、「**基板**」と呼ばれる板状の部品に電子部品のはんだ付けをします。しかし、はんだ付けすると部品が固定され、外せなくなります。はんだ付けは固定的な電子回路を作成する場合には向いていますが、ちょっと試したい場合などには手間がかかる上、部品も再利用しにくく不便です。

　この際に役立つのが「**ブレッドボード**」です。ブレッドボードはたくさんの穴が空いており、その穴に部品を差し込んで使います。各穴の縦方向に5～6つの穴が導通しており、同じ列に部品を差し込むだけで部品がつながった状態になります。

　ブレッドボードの中には、右図のように上下に電源とGND用の細長いブレットボードが付いている製品もあります。右図の商品では、横方向に約30個程度の穴が並んでいます。電源やGNDは多用するため、このような商品を選択すると良いでしょう。

● 手軽に電子回路を作れる「ブレッドボード」

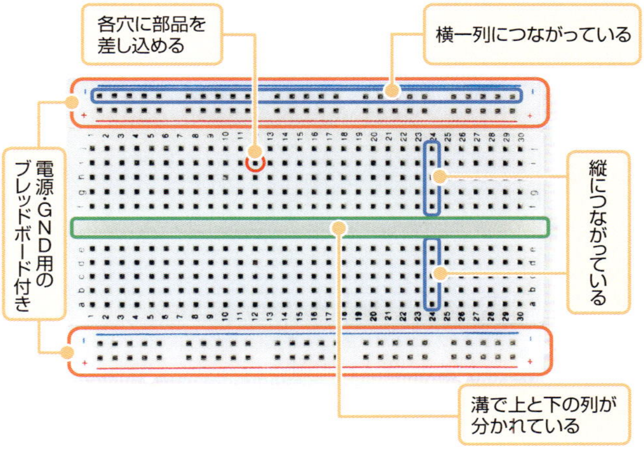

各穴に部品を差し込める
横一列につながっている
電源・GND用のブレッドボード付き
縦につながっている
溝で上と下の列が分かれている

　様々なサイズのブレッドボードが販売されていますが、まずは30列のブレッドボードを購入すると良いでしょう。例えば1列10穴（5×2）が30列あり、電源用ブレッドボード付きの商品であれば200円程度で購入できます。

» ジャンパー線

　接続していない列同士をつなげるのに**ジャンパー線**を利用します。ジャンパー線は両端の導線が金属の細い棒になっており、電子部品同様にブレッドボードの穴に差し込めます。

　ジャンパー線には端子部分がオス型のものとメス型のものが存在します。ブレッドボードの列同士を接続するには両端がオス型のジャンパー線を利用します。しかし、Raspberry PiのGPIO端子はオス型であるため、両端がオス型のジャンパー線は利用できません。Raspberry Piとブレッドボードの接続用に一方がオス型、もう一方がメス型のジャンパー線を用意しておくと良いでしょう。

　オス―オス型のジャンパー線は30本程度、オス―メス型のジャンパー線は15本程度あれば十分です。例えば、秋月電子ではオス―オス型ジャンパー線（10cm）は20本入りで180円、オス―メス型ジャンパー線（15cm）が10本入りで220円で購入できます。

> ✂ **Keyword**
>
> **オス型とメス型**
> 電子部品では、穴に差す形式の端子を「オス型」、穴状になっている端子を「メス型」と呼びます。

● ブレッドボード間の列やRaspberry Piを接続する「ジャンパー線」

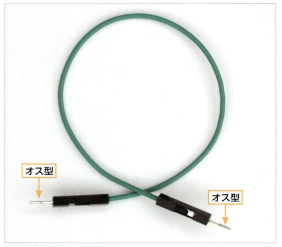

両端がオス型のジャンパー線

一方がオス型、もう一方がメス型のジャンパー線

》電圧や電流を制御する「抵抗」

　抵抗は、使いたい電圧や電流に制御するために利用する部品です。例えば、回路に流れる電流を小さくし、部品が壊れるのを抑止したりできます。

　抵抗は1cm程度の小さな部品です。左右に長い端子が付いており、ここに他の部品や電線などを接続します。端子に極性はなく、どちら向きに差し込んでも動作します。

● 電圧や電流を制御する「抵抗」

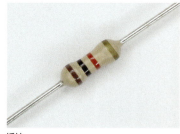

抵抗　　　　　　　　　抵抗の回路記号

　抵抗は、材料が異なる製品が存在し、用途に応じて使い分けます。電子回路で利用する場合、通常はカーボン抵抗でかまいません。抵抗の単位は一般に「Ω（オーム）」で表します。

　抵抗は1本5円程度で購入できます。また、100本100円程度でセット売りもされています。様々な値の抵抗が販売されていますが、まずは次の5種類の抵抗をそれぞれ10本程度購入しておくと良いでしょう。

- 100 Ω
- 330 Ω
- 1 kΩ
- 5.1 kΩ
- 10 kΩ

　抵抗は、本体に描かれている帯の色で抵抗値が分かるようになっています。それぞれの色は次のような意味があります。

● 抵抗値の読み方

帯の色	それぞれの意味			
	1本目	2本目	3本目	4本目
	2桁目の数字	1桁目の数字	乗数	許容誤差
■ 黒	0	0	1	—
■ 茶	1	1	10	±1%
■ 赤	2	2	100	±2%
■ 橙	3	3	1k	—
■ 黄	4	4	10k	—
■ 緑	5	5	100k	—
■ 青	6	6	1M	—
■ 紫	7	7	10M	—
■ 灰	8	8	100M	—
□ 白	9	9	1G	—
■ 金	—	—	0.1	±5%
■ 銀	—	—	0.01	±10%
色無し	—	—	—	±20%

● 抵抗値の判別例

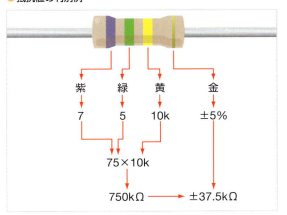

1本目と2本目の色で2桁の数字が分かります。これに3本目の値を掛け合わせると抵抗値になります。例えば、「紫緑黄金」と帯の色が描かれている場合は、右のように「750kΩ」と求められます。

4本目は抵抗値の誤差を表します。誤差が少ないほど精密な製品であると判断できます。前述した例では「金」であるため「±5%の誤差」（±37.5kΩ）が許容されています。

つまり、この抵抗は「787.5～712.5kΩ」の範囲であることが分かります。

NOTE

区切りの良い値の抵抗がない場合

電子パーツ店で抵抗を購入する場合、5kΩなどのような区切りのよい値の抵抗が販売されていないことがあります。一方で、330Ωなどのような一見区切りの良くない値の抵抗が売られていることもあります。
これは、抵抗の誤差を考慮するために「E系列」という標準化した数列に合わせて抵抗が作られているからです。小さな値であれば誤差の範囲は小さいですが、大きな値であると誤差の範囲が大きくなります。例えば1Ωであれば誤差（±5%の場合）の範囲は0.95～1.05Ωですが、10kΩでは9.5～10.5kΩと誤差の範囲が広がります。このため、例えば10kと10.1kΩのように誤差の範囲がかぶる抵抗を準備しても無意味です。
電子工作では、5%の誤差のある抵抗がよく利用されています。5%の抵抗では「E24系列」に則って抵抗が作られています。例えば1k～10kΩの範囲のE24の抵抗値は、「1k」「1.1k」「1.2k」「1.3k」「1.5k」「1.6k」「1.8k」「2.0k」「2.2k」「2.4k」「2.7k」「3.0k」「3.3k」「3.6k」「4.3k」「4.7k」「5.1k」「5.6k」「6.2k」「6.8k」「7.5k」「8.2k」「9.1k」「10k」となっています。このた

次ページへ

Part 6 ▌▌▌ 電子回路をRaspberry Piで制御する

め、「5kΩ」といったきりの良い値の抵抗は販売されていません。
なお、E系列でも利用頻度の低い抵抗は、店舗によっては取り扱いがないこともあります。例えば、秋月電子通商では「1k」「1.2k」「1.5k」の抵抗は販売されていますが、「1.1k」「1.3k」「1.6k」「1.8k」の抵抗は販売されていません。
電子部品は、どのようなものであっても誤差があり、計算で求めた値に正確に合わせても意味はありません。このため、おおよそ近い値を選択するようにしましょう。

》 明かりを点灯する「LED」

LED（Light Emitting Diode）は、電流を流すと発光する電子部品です。電化製品などのスイッチの状態を示すランプなどに利用されています。最近では、省電力電球としてLED電球が販売されていることもあり、知名度も高くなってきました。

LEDには**極性**があります。逆に接続すると電流が流れず、LEDを点灯できません。

極性は端子の長い方を「**アノード**」と呼び、電源の＋（プラス）側に接続します。端子の短い方を「**カソード**」と呼び、電源の－（マイナス）側に接続します。

さらに、端子の長さだけでなく、LEDの外殻や内部の形状から極性が判断できます。外殻から判断する場合は、一般的にはカソード側が平たくなっています（ただし、製品によっては平たくない場合もあります）。内部の形状で判断する場合は、三角形の大きな金属板がある方がカソードです。

LEDには、点灯のために必要な情報として「**順電圧（Vf）**」と「**順電流（If）**」が記載されています。Raspberry Piで利用する場合は順

● 明かりを点灯できる「LED」

赤色LED

LEDの回路記号

アノード側　　　カソード側

● LEDの極性は形状で判断できる

カソード側は
中の金属板が大きい

カソード側は平たくなっている

アノード(+側)
端子が長い

カソード(－側)
端子が短い

電圧が2V程度、順電流が20mA程度のLEDを選択します。これ以上の電圧や電流が必要なLEDでは、Raspberry Piを使って点灯するには工夫が必要になるためです。また、各LEDの順電圧と順電流は、LED本体だけ見ても判断できないので、分かるように購入時にメモしておきましょう。これらの値はLEDを使う際に必要です。

LEDは「赤」「緑」「黄色」「青」「白色」など様々な色が用意されています。この中で赤、緑、黄色は駆動電流が比較的小さくて済むため、手軽に利用できます。初めのうちはこれらの色のLEDを選択するようにしましょう。直径5mmの赤色LEDであれば、1つ15円程度で購入できます。

📖 **NOTE**

LEDの使い方
LEDを点灯させるには、抵抗を接続して流れる電流を制限します。詳しくはp.182を参照してください。

172

Chapter 6-3 電子回路入門

電子回路を作成するには、いくつかのルールに則る必要があります。そこで、実際にRaspberry Piで電子回路を制御する前に基本的な電子回路のルールについて確認しておきましょう。

電源と素子で電気回路が作れる

電子回路の基本を説明します。電子回路は、電気を供給する「**電源**」と、その電気を利用してさまざまに動作する「**素子**」を、導通性の金属の線（**導線**）で接続することで動作します。

電源は、家庭用コンセントや電池などが相当します。電源から供給された電気は、導線を通じて各素子に送られ、電気を消費して素子が動作します。電球を光らせたり、モーターを回したり、といった動作です。

● 電源と素子を接続すれば電気回路ができ上がる

基本的に、このようにして電子回路が構成されます。あとは、複数の素子を接続したり、素子を動作させるために必要な電気の量を調節したりして、様々な機器ができ上がっています。

しかし、闇雲に電源や素子をつないで動作するわけではありません。目的の動作をさせるには、適切な電源や素子を選択して、適切に素子をつなぐ必要があります。そのためには、素子の特性を理解して、どの素子を選択するかなどといった知識が必要となります。ここでは、基本的な電気の知識を紹介します。

» 電源は電気を流す源（みなもと）

コンセントや電池など、電気を供給する源が電源です。電源が送り出せる電気の力を表す数値に「**電圧**」があります。電圧の単位は「**ボルト（V）**」です。この値が大きい電源ほど、電気を流せる能力が高いことを表しています。身近なものでは、電池1本が「1.5V」、家庭用コンセントが「100V」です。これをみると、電池よりも家庭用コンセントから送り出される電気の力が大きいことが分かります。

Raspberry Piでは、GPIOの出力として5Vまたは3.3Vが供給できます。これらを使って、電池と同じように電気の供給が可能です。

電圧には次のような特性があるので覚えておきましょう。

» 1. 直列に接続された素子の電圧は足し算

電源から直列に複数の素子を接続した場合、それぞれの素子にかかる電圧の総和が電源の電圧と同じになります。

例えば、図のように5Vの電源に2つの電球を直列に接続した場合、それぞれの電球にかかる電圧を足し合わせると、5Vになります。また、1つの電球に3Vの電圧がかかっていたと分かる場合、もう1つの電球の電圧は2Vかかっていることになります。

● 直列接続の素子にかかる電圧の関係

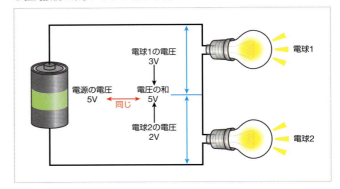

» 2. 並列に接続された部品の電圧は同じ

一方、複数の素子を並列に接続した場合、それぞれの素子にかかる電圧は同じになります。もし、5Vの電源から並列で2つの電球に接続した場合、それぞれにかかる電圧は5Vとなります。

● 並列接続の素子にかかる電圧の関係

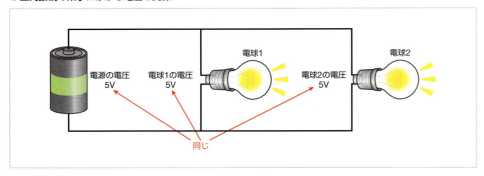

🔑 Keyword

電圧と電位差

電圧は、ある一点からもう一点までの差を示しています。電池の場合はマイナス側からプラス側までの差を示しています。もし、10Vの位置から30Vの位置までの電圧を示す場合は、30V − 10Vで「20V」となります。電圧のことを「**電位差**」とも呼びます。一方、遥か遠く（基点または無限遠といいます）からの電位差のことを「**電位**」と呼びます。

» 電気の流れる量を表す「電流」

電源からは「**電荷**」と呼ばれる電気の素が、導線を流れます。この電荷がどの程度流れているかを表すのが「**電流**」です。電流が多ければ、素子で利用する電気も多くなります。つまり、電流が多いほど電球などは明るく光ります。

電流を数値で表す場合、「**アンペア（A）**」という単位が利用されます。家庭にあるブレーカーに「30A」などと書かれているので目にしたことがあるかもしれません。これは、30Aまでの電流を流すことが可能であることを示しています。

電流には次のような特性があるので覚えておきましょう。

» 1. 直列に接続された素子の電流は同じ

電源から直列に複数の素子を接続した場合、それぞれの素子へ流れる電流は同じです。ホースを流れる水は、水漏れがなければどこも流水量が同じであるのと同様です。2つの電球が直列に接続されており、一方の電球に10mAの電流が流れていれば、もう一方の電球にも10mAが流れます。

● 直列接続の素子にかかる電流の関係

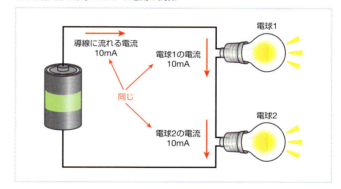

» 2. 並列に接続された部品の電流は足し算

複数の素子を並列に接続した場合、それぞれの素子に流れる電流の合計は、分かれる前に流れる電流と同じになります。並列に2つの電球が接続されており、それぞれの電球に10mA、20mA流れていたとすると、分かれる前は30mA流れていることになります。

● 並列接続の素子にかかる電流の関係

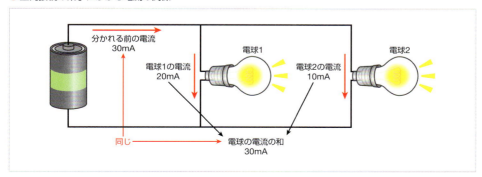

》「電圧」「電流」「抵抗」の関係を表す「オームの法則」

電子回路の基本的な公式の1つとして「**オームの法則**」があります。オームの法則とは、「抵抗にかかる電圧」と「抵抗に流れる電流」、それに「抵抗の値」の関係を表す式で、右のように表記されます。

●オームの法則

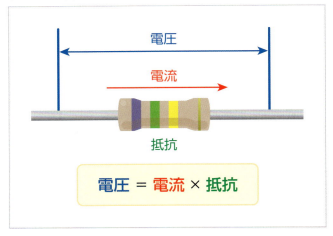

この式を利用すると、電圧、電流、抵抗のうち2つが分かれば、残りの1つを導き出すことができます。例えば、5Vの電源に1kΩ（1000Ω）の抵抗を接続した場合、右のように電流の値を求められます。オームの法則では電流と抵抗を掛け合わせた値が電圧なので、電圧を抵抗で割ると、電流を求める事ができます。このように、流れる電流は「5mA」と導き出せます。

●オームの法則を利用して、電圧と抵抗から電流を求める

5V（電圧）÷ 1kΩ（抵抗）
= 5V ÷ 1000Ω
= 0.005A
= 5mA

これは、電子回路を作る際、素子やRaspberry Piに流れる電流が規定以下であるかなどを導き出すのに利用できます。重要な式なので覚えておきましょう。

POINT
オームの法則に当てはまらない素子
オームの法則は、すべての素子で利用できるわけではありません。抵抗のように、電圧と電流が比例して変化する素子のみに使える式です。例えば、LEDはある電圧以上でないと電流が流れず、電圧 - 電流は比例的に変化しないため、オームの法則で電流を求めることはできません。

電子回路の設計図の「回路図」

電子回路を作成する際には、どのような回路にするかを考え、「**回路図**」と呼ばれる設計図を書きます。

回路図はそれぞれの部品を簡略化した記号を用い、それぞれを線で結んで作成します。

● 電子回路の設計図「回路図」の一例

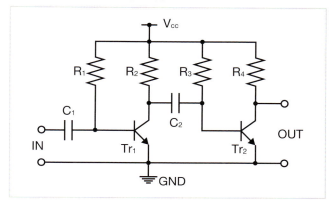

例えば、電池などの電源は右のような図で書きます。

このほかにも、抵抗やLED、スイッチなどそれぞれの記号が用意されています。本書で利用する素子の回路記号については、素子の説明で併せて紹介します。

● 電源の回路記号

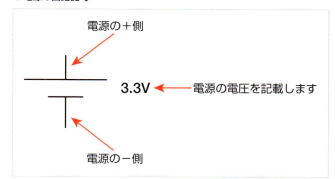

» 電源の別表記

電源は、電気を供給する部品であるため、多くの配線が集まります。このようにたくさんの配線を電源に引かれると、線の数が多くなり、回路図が見づらくなってしまいます。

そこで電源は、他の記号に置き換えることができます。＋側と－側のそれぞれの記号は、右図のように変更できます。さらに、電源の＋側であることを表す「**Vdd**」、－側であることを表す「**GND**」（グランド）という文字を記号の近くに記載していることもあります。

● 電源の別表記

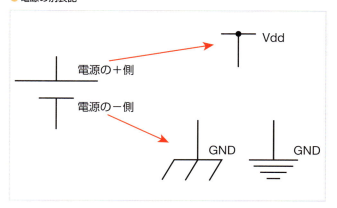

Keyword

グランド（GND）

電源の－側を「グランド」と呼ぶことがあります。電圧の基準として、地面（Ground）を使用したため、この名称が使われています。実際には、電子回路の－側と地面の電位は一致しないことがありますが、グランドと呼ばれることが一般的です。また、グランドは省略して「**GND**」と記載したり、「**アース**」と呼ばれる場合もあります。

Keyword

Vdd

電源の＋側をあらわす表記に「Vdd」が利用されることがあります。VはVoltage（電圧）からきています。また、ほかにも「**Vcc**」と表記される場合があります。
「Vdd」と「Vcc」は接続する素子の種類によって使い分けされていました。VddはFETと呼ばれる半導体に、Vccはバイポーラ型トランジスタと呼ばれる半導体に接続することを表しました。しかし、最近はVddとVccを特に使い分けずに表記するケースもあります。ちなみにVddのdはドレインを表し、Vccのcはコレクタを表します。
上記のグランドの別表記として「**Vee**」（eはエミッタの意味）や「**Vss**」（sはソースの意味）を使用する場合もあります。

電気回路を作成する際の注意点

電気回路を扱う上でいくつか注意があります。この注意をおろそかにしてしまうと、正常に動作しなかったり、部品の破壊や怪我などにつながったりします。

» 1. 回路は必ずループさせる

電気は電源の＋側から－側に向けて電荷（＋電荷）が流れます。しかし、途中で線が切れていたりすると電気が流れなくなります。そのため、回路が**ループ**状になっているかを必ず確認しましょう。なお、回路がループ状になっていても、電源の＋から－に接続されていなければなりません。電源の＋から＋、－から－のような同じ極へループしても電流は流れません。

● 電気回路は必ずループ状にする

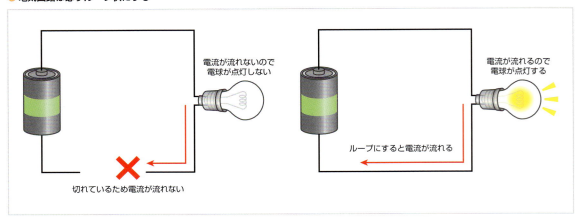

» 2. 部品の極性や端子の接続は正確に

電子部品の多くは、それぞれの端子に役割が決まっています。例えば、＋側に接続する端子、－側に接続する端子、信号を入出力する端子などです。これらの部品は、必ず端子の用途を十分確認してから接続するようにしましょう。

端子を誤って接続してしまうと、部品が正常に動作しなくなる恐れがあります。特に、給電する部品の場合は、極性（＋と－端子が分かれている事）を逆にしないようにします。逆に接続してしまうと、正常に動作しないばかりか、部品自体を破壊しかねません。さらに、部品自体が発熱することがあり、接触した際に火傷をする危険性もあります。

極性が存在する部品や、多数の端子がある部品には、どの端かを把握できるよう端子の形状が異なっていたり、印が付いています。これらを確認して正しく接続しましょう。

なお抵抗やスイッチの一部の品などは極性が決まっていないため、どちらに接続してもかまいません。

● 電子部品には端子の役割が決まっている

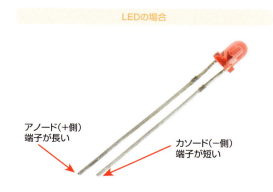

LEDの場合

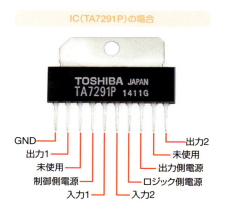

IC（TA7291P）の場合

» 3. ショートに注意

ブレッドボードは、部品の端子を切らずそのまま差し込めて、手軽に回路作成が行えます。しかし、抵抗のように長い端子を持つ部品を差し込む場合には、他の部品の端子と直接触れてしまわないように注意が必要です。

もし、部品の端子同士が誤って接触すると、回路が正常に動作しなくなる恐れがあります。特に電源の＋側と－側が**ショート**した状態になってしまうと過電流が流れてしまい、部品が壊れたり発熱する危険性があります。

部品を無理に配置せずに、端子が接触しないように配置を考慮しましょう。

● ショートには注意

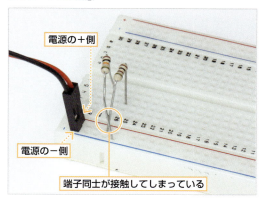

» 4. 作業前に静電気除去をしっかりとする

　電子部品にとっては静電気が大敵です。静電気は数千Ｖと高電圧であるため、静電気がかかると部品内で絶縁破壊を起こして壊れてしまいます。一般的に、部品の抵抗値が高いものは壊れやすい傾向にあります。
　電子部品を扱う場合は、直前にテーブルや椅子などの金属部分や静電気除去シートなどに触れて、静電気を逃がしてから扱うようにしましょう。

電子回路を作ってみよう

　ルールを覚えたところで、実際に電子回路を作ってみましょう。ここでは、電源から供給した電気をLEDに送って光らせてみます。
　今回は、右のような回路を作成します。電源の＋側からLEDのアノードにつなげます。その後、流れる電流を制限するため、LEDのカソードから抵抗につなげます。ここでは100Ωの抵抗を利用することにします。最後に抵抗から電源の－側に接続します。回路がループ上になり、電源から供給した電気がLEDを流れて点灯します。

●LEDを点灯する回路図

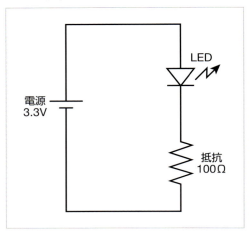

> **NOTE**
> **LEDにつなげる抵抗**
> LEDの電流を制限する抵抗についてはp.182を参照してください。

　回路図が完成したら、実際にブレッドボード上に電子回路を作成しましょう。ここでは、Raspberry PiのGPIOの電源端子から取り出すことにします。
　5Vと3.3Vが利用できますが、ここでは3.3Vを使うことにします。1番端子を電源の＋側と見なします。
　電源の－側はGPIOのGND端子に接続します。Raspberry PiのGPIOは6、9、14、20、25、30、34、39番がGND端子です。ここでは、25番端子を利用しましょう。
　ブレッドボードの上下にある電源用のブレッドボードにそれぞれの端子を接続しておきます。

Chapter 6-3 | 電子回路入門

● 電源はRaspberry PiのGPIOから取り出す

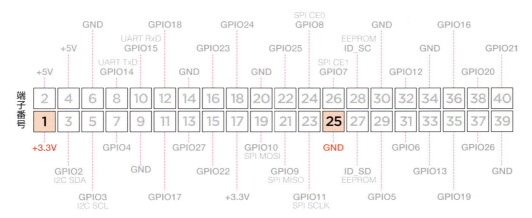

　電源が用意できたら、各部品をブレッドボードに取り付けていきます。この際、LEDのアノード側（足の長い方）を電源の＋側に、カソード側（足の短い方）を抵抗に接続するようにします。
　正しく接続ができれば、LEDが点灯します。

● 各部品をブレッドボードに差し込む

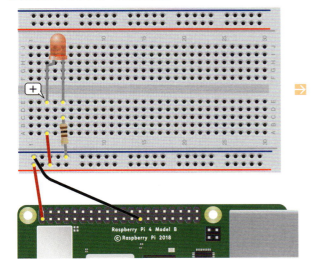

● LEDが点灯しました

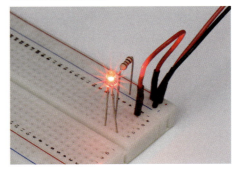

POINT

Raspberry Piに電源を接続しておく

GPIOの電源を使う場合は、あらかじめRaspberry Piを電源接続しておきます。Raspberry Piが通電している状態で電子回路を作成する際は、各電子部品の端子がショートしないよう注意しましょう。ショートが心配であれば、電源を切った状態で電子回路を作成してからRaspberry Piの電源を接続するようにしましょう。

181

LEDに接続する抵抗の選択

LEDは特定以上の電圧をかけないと光りません。LEDを動作させるための電圧を「**順電圧**」（**Vf**と表すこともあります）といいます。一般的に購入できる赤色LEDであれば、Vfは1.5Vから3Vとなっています。

LEDは電流が流れることで点灯します。流れる電流が多ければ多いほど明るくなります。しかし、許容以上に電流を流しすぎると、LED自体が壊れて発光しなくなることがあります。過電流により発熱し、場合によっては発火の危険性もあります。そのため、適切な電流を流す必要があります。そこで、LEDには「**順電流**」（**If**と表すこともあります）という、LEDの点灯に推奨される電流値が記載されています。LEDによっては個体差があるため、VfやIfが範囲で示されていることもあります。

LEDを使った電子回路を作成する場合は、順電流に則ってLEDに流れる電流を制御します。LEDに流れる電流は、直列に抵抗を接続することで制限できます。接続する抵抗は次のように求められます。

1 抵抗にかかる電圧を求めます。LEDにかかる電圧は「順電圧」の値を用います。LEDに流れる電流が変化してもかかる電圧は大きな変化がないため、順電圧（Vf）の値をそのまま用いてかまいません。

抵抗にかかる電圧は、「電源電圧」から「LEDの順電圧」を引いた値です。例えば、電源電圧が3.3V、LEDの順電圧が2Vの場合は、抵抗にかかる電圧が1.3Vだと分かります。

2 LEDに流す電流値を決めます。通常はLEDの順電流（If）の値を利用します。しかし、Raspberry PiのGPIOを使う場合は、各GPIO入出力端子に流れる電流が16mAまでと決まっています。そのため、順電流がこれ以上の値であった場合は、Raspberry Piの許容範囲を考慮するようにします。ここでは、「10mA」（0.01A）にすることにします（多少暗くなります）。

3 オームの法則を用いて抵抗値を求めます。オームの法則は「電圧＝電流×抵抗」なので、「抵抗＝電圧÷電流」で求められます。つまり「1.3÷0.01＝130Ω」と求められます。

しかし、このために130Ωの抵抗を別途用意するのは手間がかかります。そこで、130Ωに近い「100Ω」を利用すると良いでしょう。その際、流れる電流値を求めて安全に利用できるかを確認します。「電流＝電圧÷抵抗」で求められるので、「1.3÷100＝13mA」と求められます。この値はRaspberry Piの許容範囲なので問題ありません。

● LEDに接続する抵抗値の求め方

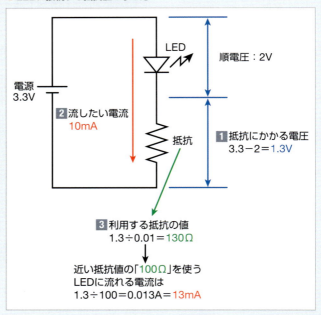

Chapter 6-4 　LEDを点灯・点滅させる

電子回路の基礎について理解したら、実際にRaspberry Piで電子回路を制御してみましょう。最初に、デジタル出力を利用する方法としてLEDを点灯する方法を説明します。

デジタル出力でON/OFFを制御する

Raspberry PiのGPIOではデジタル出力が行えます。デジタル出力は、0または1の2つの状態を切り替えられる出力で、スイッチのON、OFFのような利用方法が可能です。LEDの点灯、消灯といった制御を行えます。

実際には、出力の電圧を0Vあるいは3.3Vの状態に切り替えています。0Vの状態を「0」「LOW」「OFF」など、3.3Vの状態を「1」「HIGH」「ON」などと表記することがあります。

ここでは、Raspberry PiからプログラムでXを点灯、消灯してみましょう。

● デジタルは2つの値で表される

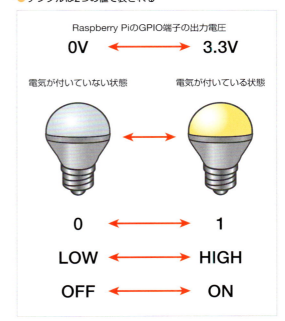

POINT
HIGHの電圧は製品によって異なる
Raspberry PiではHIGHであれば3.3Vが出力されますが、HIGHの状態の電圧は利用するボードや電子回路によってそれぞれ異なります。5V、12V、24Vなど様々です。しかし、1つのボード内ではHIGHの電圧をそろえる必要があります。例えば、Raspberry Piに5Vや12VなどをHIGHとして入力してしまうと、Raspberry Pi自体が壊れてしまう危険性があるためです。

電子回路を作成する

電子回路を作成します。作成に使用する部品は右の通りです。

- LED ……………………………………… 1個
- ジャンパー線（オス―メス）…………… 2本
- 抵抗（100Ω）…………………………… 1個

Raspberry PiのGPIOは次の図の端子を利用します。デジタル出力はGPIOから始まる端子を利用できます。この中から1つを選んで出力に利用します。ここでは、GPIO 4（端子番号：7番）を利用することにします。他の端子を利用しても出力できますが、その場合はGPIOの番号や端子番号を読み替えて作成してください。

GNDは本書では25番を利用しますが、6、9、14、20、30、34、39番を利用してもかまいません。

● 利用するGPIOの端子

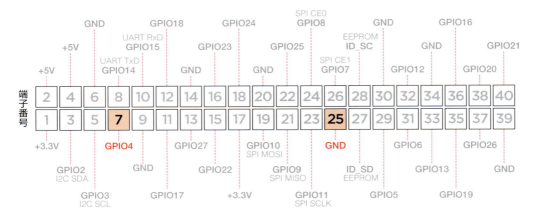

電子回路は右のように作成します。GPIOの出力はLEDのアノード（＋）側（足の長い方）に接続します。LEDのカソード（－）側（足の短い方）には抵抗（100Ω）を接続して電流の量を調節します。最後にGNDに接続すれば回路のできあがりです。

● LEDを制御する回路図

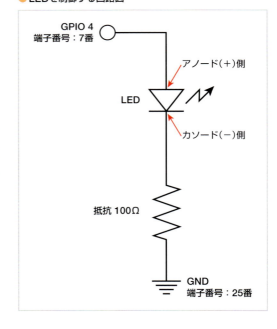

> **NOTE**
> **LEDに接続する抵抗**
> LEDに接続する抵抗についてはp.182を参照してください。

次に、ブレッドボード上に右のようにLED制御回路を作成します。

●LED制御回路をブレッドボード上に作成

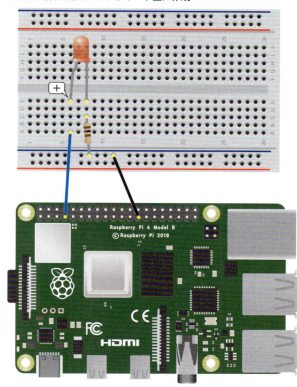

プログラムでLEDを制御する

回路の作成ができたら、Raspberry Pi上でプログラミングを行い、LEDを点灯させてみましょう。ここでは、Scratch 3とPythonでの作成方法を紹介します。

ScratchでLEDを制御する

Scratch 3を利用してLEDを点灯してみましょう。Scratch 3でGPIOを制御するにはあらかじめp.164に従って「Raspberry Pi GPIO」の拡張機能を追加しておく必要があります。

準備ができたら「🏁が押されたとき」ブロックを配置します。

①次に「Raspberry Pi GPIO」カテゴリーにある「set gpio □ to output □」ブロックを接続します。ブロック前半には制御するGPIOの番号を指定します。LEDはGPIO4（7番端子）に接続したので「4」を選択します。最後にあるボックスで「high」を選択すると、GPIOの端子の状態がHIGHに切り替わります。

これで をクリックするとLEDが点灯します。

● ScratchでLEDを点灯させるスクリプト

が押されたときにスクリプトの実行を開始します
①GPIO4をHIGHにします

NOTE

Scratch で LED を点灯する

Scratchを利用してもLEDの点灯制御が可能です。点灯するスクリプトは次のように作成します。「□を送る」ブロックの内容を変更する場合には、ブロックの▼をクリックし、「新規/編集」を選択することで入力ができます。

また、ScratchでGPIOを制御するにはあらかじめGPIOサーバーを起動しておく必要があります。起動していない場合はp.165を参照して設定しておきます。

» ScratchでLEDを点滅させる

「set gpio □ to output □」ブロックの「high」を「low」に変更するとLEDが消灯できます。この二つを利用することで、LEDを点滅させることが可能です。

右のようにスクリプトを作成します。①スクリプトでは、highとlowを繰り返すように配置します。また、このまま実行してしまうと、短い間隔で点滅が行われ点灯し続けているように見えてしまいます。②そこで、それぞれ端子を制御した後に「1秒待つ」ブロックを配置して、1秒間隔で点滅するようにしています。

● ScratchでLEDを点灯させるスクリプト

が押されたときにスクリプトの実行を開始します
永続的に繰り返します
①GPIO4をHIGHにします（点灯）
②1秒間待機します
①GPIO4をLOWにします（消灯）
②1秒間待機します

Chapter 6-4　LEDを点灯・点滅させる

NOTE

Scratch で LED を点滅する

ScratchでLEDを点滅させる場合は、右のようにスクリプトを作成します。

PythonでLEDを制御する

PythonでLEDを点灯してみましょう。
テキストエディタを起動して、右のようにスクリプトを記述します。

NOTE

Python で GPIO を利用する

PythonでGPIOを利用するための準備については、p.166を参照してください。

● PythonでLEDを点灯させるスクリプト

sotech/6-4/led_on.py

```
#! /usr/bin/env python3

import RPi.GPIO as GPIO
import time

GPIO.setmode(GPIO.BCM)
GPIO.setup(4, GPIO.OUT)

GPIO.output(4, GPIO.HIGH)
GPIO.cleanup()
```

①GPIO4（7番端子）を出力に設定します
②GPIO4をHIGHの状態にします

それから、GPIOのライブラリ呼び出しや初期化、設定などを記述します。

次に、端子の用途を指定します。①「GPIO.setup()」に対象となる端子（GPIO番号）、用途の順にカンマで区切って記述します。デジタル出力にする場合は「GPIO.OUT」と指定します。

②対象の端子の出力は「GPIO.output()」に記述します。対象となる端子（GIPO番号）、状態の順に指定します。3.3Vを出力したい場合は「GPIO.HIGH」と指定します。

作成が完了したら、任意のファイル名（本書では「led_on.py」とします）で保存して、テキストエディタを終了します。実際にスクリプトを実行してみましょう。これで端子に3.3Vが出力され、LEDが点灯します。

● PythonでLEDを点灯するスクリプトを実行

```
$ sudo python3 led_on.py Enter
```

Part 6　電子回路をRaspberry Piで制御する

 POINT

管理者権限での実行
以前のRaspbianでは、GPIOを制御するには管理者権限で実行する必要がありました。しかし、記事執筆時点（2020年1月）のRaspbianでは、一般ユーザー権限でも制御可能です。一般ユーザー権限で実行する場合は、「sudo」を除いて「python3 led_on.py Enter」と実行します。
しかし、利用する機能によっては管理者権限が必要なケースもあり、一般ユーザー権限では実行できないことがあります。実行できない場合は「sudo」を付加して管理者権限で実行してみましょう。
なお本書では、管理者権限で実行する方法で説明しています。

» PythonでLEDを点滅させる

Scratchの場合と同様に、HIGHとLOWを順番に切り替えることでLEDを点滅できます。

右のようにスクリプトを作成します（本書ではファイル名を「led_blink.py」とします）。

● PythonでLEDを点滅させるスクリプト

LEDを点滅させる際に1秒間間隔を空けます。この際、待機に使用する関数は「time」ライブラリを読み出す必要があります。①そのため、「import time」でライブラリを読み出しておきます。
②また、「while True:」で永続的に繰り返し、③その中で端子の出力のHIGI、LOWを切り替えます。④切り替えた後には「time.sleep(1)」で1秒待機するようにします。
作成できたら、次のようにコマンドを実行するとLEDが点滅します。

● PythonでLEDを点滅させるスクリプトを実行

```
$ sudo python3 led_blink.py Enter
```

Chapter **6-4** | LEDを点灯・点滅させる

📖 NOTE

永続的に繰り返すプログラムでの GPIO の解放

p.167で説明したように、プログラムの最後にGPIO.cleanup()でGPIOを解放するようにします。しかし、LEDを点滅し続けるような、永続的にプログラムを実行する場合は、プログラムを終了しません。さらに、Ctrl + Cキーでプログラムを強制終了すると、実行時点の場所でプログラムが終了してしまいます。この場合、プログラムの最後にGPIO.cleanup()を記述しておいても、実行されずGPIOは解放されません。

このようなケースは、「try」を使うことで途中で強制終了した場合に特定のプログラムを実行させることが可能です。

tryは右のように記述します。

```
try:
    while True:
        繰り返すプログラムの本体


except KeyboardInterrupt:
    GPIO.cleanup()
```

> 通常はこれ以降のプログラムを実行する

> Ctrl + Cキーが押された場合に実行

> GPIOを解放する

通常の状態では「try」内に記述したプログラムを実行します。この中にWhileで繰り返すようにすれば、永続的に処理を続けます。「except」では、例外処理が発生した場合に実行する内容を記述します。Ctrl + Cキーを押した場合は「KeyboardInterrupt」を指定することで以下の内容を実行できます。この中にGPIO.cleanup()を記述しておけば、最後にGPIOを解放して終了するようになります。たとえば、LEDの点滅プログラムであれば、右のように記述します。

```
#! /usr/bin/env python

import RPi.GPIO as GPIO
import time

GPIO.setmode(GPIO.BCM)
GPIO.setup(4, GPIO.OUT)

try:
    while True:

        GPIO.output(4, GPIO.HIGH)
        time.sleep(1)

        GPIO.output(4, GPIO.LOW)
        time.sleep(1)

except KeyboardInterrupt:
    GPIO.cleanup()
```

なお、本書ではプログラムを見やすくするため、tryを使ったGPIOの解放方法は省略しています（省略した場合は警告メッセージが表示されますが、動作には影響ありません）。必要に応じて、同様に記述してください。

Part **6**

電子回路をRaspberry Piで制御する

189

Part 6　電子回路をRaspberry Piで制御する

Chapter 6-5　スイッチの状態を読み込む

LEDを光らせるといったデジタル出力とは反対に、回路の状態を読み取ることも可能です。例えばスイッチの状態をRaspberry Piで読み取り、メッセージを表示するといったことが可能です。

デジタル入力を読み取る

　Raspberry PiのGPIOは、出力とは反対に入力もできます。例えば、スイッチの状態を確認し、スイッチがONになったら画面上にメッセージを表示するといったことが可能です。
　ここでは、電子回路のデジタル信号をRaspberry Piに入力をする方法について説明します。

》「スイッチ」と「ボタン」

　デジタルを電子回路上で簡単に実現できる部品にスイッチ類があります。スイッチは「ON」または「OFF」の2つの状態を切り替える部品です。スイッチを切り替えることで「0V」(OFF)、「+3.3V」(ON)の2つの状態を実現できれば、Raspberry Piのデジタル入力として利用できます。
　スイッチにはいくつか種類があり、用途によって使い分けます。大きく分類すると、切り替えてその状態を保持するスイッチと、押している間だけONになり手を離すとOFFに戻るスイッチの2種類があります。
　電子部品では、状態を切り替えるスイッチとして「**トグルスイッチ**」「**DIPスイッチ**」「**スライドスイッチ**」「**ロータリースイッチ**」などが利用されています。
　また、2つの状態を切り替えるスイッチだけでなく、それ以上の状態を切り替えることが可能なスイッチもあります。
　一般的に、状態を切り替えるスイッチのことを「**スイッチ**」と呼んでいます。

● 状態を切り替えるスイッチの一例

トグルスイッチ　スライドスイッチ　DIPスイッチ　ロータリースイッチ

回路記号(2端子)　　回路記号(3端子)

一方、状態が戻るスイッチとしては「**押しボタンスイッチ（プッシュスイッチ）**」「**タクトスイッチ**」などがあります。

一般的に押し込む形状のスイッチのことを「**ボタン**」と呼んでいます。

●状態を切り替えるスイッチの一例

この中で、ブレッドボードで利用しやすいスイッチにタクトスイッチがあります。

タクトスイッチは、ブレッドボードの中央の溝の部分に差し込んで利用します。また、4端子あるうち端子が出ている方を前にして右同士および左同士でつながっており、スイッチとして利用するには右と左の端子を利用します。

●ブレッドボードに直接差し込めるタクトスイッチ

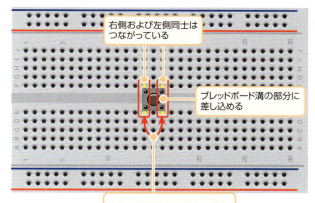

POINT

状態を保持する押しボタンスイッチもある

押しボタンスイッチの中には、状態を保持する部品も存在します。また同様にトグルスイッチでも、手を離すとOFFに戻るスイッチもあります。各スイッチを購入する場合は、スイッチの動作を確認しましょう。なお、切り替えた状態が保持されるスイッチを「**オルタネートスイッチ**」、元の状態に戻るスイッチを「**モーメンタリスイッチ**」と呼びます。

電子回路を作成する

電子回路を作成します。作成に使用する部品は次の通りです。

- タクトスイッチ：1個
- ジャンパー線（オス—メス）：2本

デジタル入力は、出力同様にGPIO端子を利用できます。プログラム上で、利用する端子について出力から入力モードに切り替えることで、端子の電圧を調べてHIGHかLOWであるかを読み取れます。

ここでは、GPIO 9（端子番号：21）を入力に利用することにします。このほかのGPIO端子でも入力できるので、別の端子を利用する場合は都度読み替えて進めてください。

● 利用するGPIOの端子

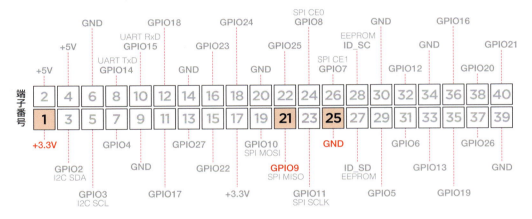

電子回路は右のように作成します。GPIOの入力をタクトスイッチの一方に接続し、もう一方をGNDに接続します。こうすることでスイッチを押すと入力端子がGND（LOW）の状態になります。

● スイッチで入力を切り替える回路

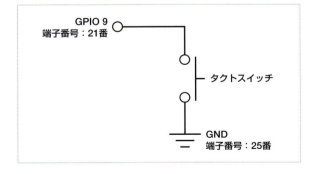

スイッチの状態を読み込む

ブレッドボード上に、次のように入力を読み込む回路を作成します。

● 入力を読み込む回路をブレッドボード上に作成

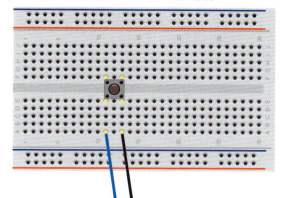

POINT

タクトスイッチが押されていない場合の入力

タクトスイッチが押されていないと、何も接続されていない状態となり、電圧が不安定になります。この状態だと、手を近づけたり、端子を触れたりしたりすると、スイッチが入ったり切れたりする不安定な状態になります。この場合は、**プルアップ**や**プルダウン**という回路を組み込むことでタクトスイッチを押していない場合に入力を安定できます。プルアップ、プルダウンについてはp.199を参照してください。

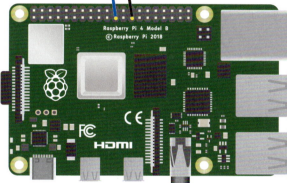

NOTE

安全にデジタル入力をする

Raspberry PiのGPIOでデジタル入力をする際は、プログラムで対象となる端子の設定をデジタル入力に設定します。誤って「デジタル出力」に設定してしまうと、過電流が流れてRaspberry Piが壊れる恐れがあります。
このような設定ミスをしてしまった場合にRaspberry Piを守る手段として、デジタル入力の端子に1kΩ程度の抵抗を挟む方法があります。こうしておくと電流が抑止でき、過電流による損壊から保護できます。
本書では電子回路をわかりやすくするために、過電流防止の抵抗は省略しています。必要に応じて抵抗を挿入してください。

プログラムで端子から入力する

回路ができあがったら、Raspberry Pi上でプログラミングを行い、タクトスイッチの状態を入力してみましょう。Scratch 3とPythonでの作成方法を紹介します。

» 端子の状態を表示する

デジタル入力の基本的な利用方法として、端子の状態を取得してRaspberry Piの画面上を表示させてみましょう。
Scratch 3の場合は、次ページのようにスクリプトを作成します。

● Scratch 3で端子の状態を表示する

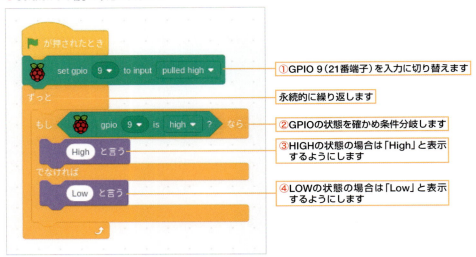

①GPIO 9（21番端子）を入力に切り替えます
永続的に繰り返します
②GPIOの状態を確かめ条件分岐します
③HIGHの状態の場合は「High」と表示するようにします
④LOWの状態の場合は「Low」と表示するようにします

①「set gpio □ to input □」ブロックでGPIOを入力モードに設定します。set gpioの後に「9」と指定することで、スイッチを接続したGPIOの状態を調べられます。また、最後のボックスは「pulled high」を選択しておきます。

②「gpio □ is □」を利用するとGPIOの状態を確かめられます。調べるGPIOを「9」にし、「high」であるかを確かめます。これを条件分岐ブロックを使ってHIGHの状態とLOWの状態で処理する内容を分けます。

③GPIOの状態がhigh（ボタンを押していない）であった場合は「High」と表示するようにします。

④GPIOの状態がlow（ボタンを押した）であった場合は「Low」と表示するようにします。

> **NOTE**
>
> **Scratchでスイッチの状態を読み取る**
>
> Scratchでスイッチの状態を読み取る場合は、次のようにスクリプトを作成します。なお、「・・・センサーの値」で「gpio9」が一覧に表示されない場合は、初めの3つのブロックを作成した後に、🏁をクリックして実行しておきます。これで、一覧に「gpio9」が表示されます。

POINT

Scratch 3でのプルアップ、プルダウン設定

Scratch 3で**プルアップ**にするか**プルダウン**にするかを設定できます。入力モードに設定するブロックで最後のボックスで「pulled high」を選択するとプルアップ、「pulled low」を選択するとプルダウンになります。
なお、プルアップ・プルダウンしないときは「not pulled」と指定します。ただし、この場合はタクトスイッチを押されていないと入力が不安定になります。そのため、別途プルアップやプルダウン回路を作成するなどの、入力を安定化させる工夫が必要です。

Pythonの場合は次のようにスクリプトを記述します（ファイル名を「inputsw.py」とします）。

①端子の用途を指定します。「GPIO.setup()」に対象となる端子（GPIO番号）、「GPIO.IN」の順に指定することで、入力に切り替えられます。また、プルアップにするには続けて「pull_up_down=GPIO.PUD_UP」と指定します。

②次に、「while True:」で入力の処理を繰り返します。端子の状態は「GPIO.input()」に対象となる端子（GPIO番号）を指定することで取得できます。これを「print()」を利用して表示します。③また、そのまま繰り返してしまうと、Raspberry Piの処理が重くなってしまうため、「sleep()」で1回の繰り返しごとに0.5秒待機するようにします。

作成が完了したら実行してみましょう。
Scratch 3で実行した場合、ステージの吹き出しの中に状態を表示します。タクトスイッチを押していない状態では「High」、タクトスイッチを押すと「Low」に変わります。

● Pythonで端子の状態を表示する

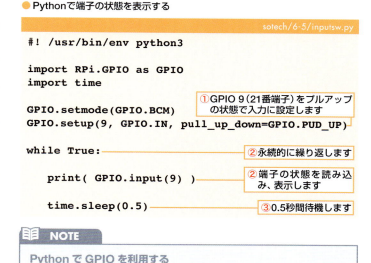

NOTE

PythonでGPIOを利用する
PythonでGPIOを利用する準備についてはp.166を参照してください。

● Scratchで実行して入力を表示する

Pythonの場合は右のようにコマンドを実行します。

●Pythonで実行するコマンド
```
$ sudo python3 inputsw.py [Enter]
```

端子の状態を0.5秒ごとに読み込み値が表示されます。タクトスイッチを押している状態は「0」、押していない状態は「1」と表示されます。

このままでは値を表示し続けます。終了する場合は [Ctrl] + [C] キーを押して強制終了します。

●Pythonで実行して入力を表示する

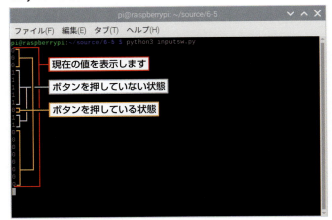

» タクトスイッチを押した回数をカウントする

タクトスイッチを押した回数をカウントするプログラムを作成してみましょう。

Scratch 3の場合は、右のようにスクリプトを作成します。押した回数を保存しておく変数を「count」として作成しておきます。プログラムの実行直後に作成した①count変数を0にしておきます。

②タクトスイッチが押されたかを判断するために「もし・・・」ブロックを利用して判断します。GPIOの状態がLOWであるかを確かめます。③「もし・・・」ブロックの中には「・・・を1ずつ変える」ブロックでcountを1増やし、④「・・・と言う」ブロックで現在のcountの値を表示します。

⑤また、このままではタクトスイッチを押しっぱなしにするとカウントが増え続けてしまいます。そこで、「・・・まで待つ」ブロックで端子の入力がHIGHになるまで待機するようにします。

●Scratchでボタンを押した回数をカウントする

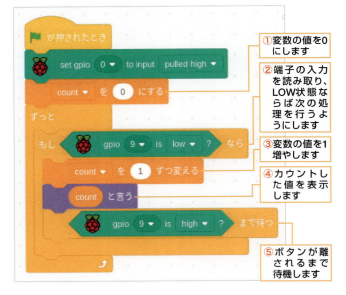

📖 **NOTE**

変数の作成方法
Scratchで変数を作成する方法はp.147を参照してください。

Chapter 6-5 ▎▎スイッチの状態を読み込む

📖 **NOTE**

Scratch でスイッチを押した回数を数える

Scratchでスイッチを押した回数を数える場合は、右のようにスクリプトを作成します。なお、「・・・センサーの値」で「gpio9」が一覧に表示されない場合は、初めの3つのブロックを作成した後に、🚩をクリックして実行しておきます。これで、一覧に「gpio9」が表示されます。

```
🚩 がクリックされたとき
gpioserveron ▼ を送る
config9inpullup ▼ を送る
ずっと
  もし   gpio9 ▼ センサーの値 = 0 なら
    count ▼ を 1 ずつ変える
    count と言う
    gpio9 ▼ センサーの値 = 1 まで待つ
```

Part 6

電子回路をRaspberry Piで制御する

　Pythonの場合は、右のようにスクリプトを記述します（ファイル名を「swcount.py」とします）。

　プログラムの仕組みはScratchと同じです。①まず、count変数を0に初期化しておきます。②「if」で端子の状態を確認し、もしON状態を表す「0」の場合は、ifの内容を実行します。

　③④if内では、変数の値を1増やし、その値を表示します。⑤また、押し続けてカウントが増えないように「while」でタクトスイッチが押されている間はループして次の処理を行わないようにします。⑥また、ループ内では処理を軽くするため、0.1秒間待機するようにしています。

📖 **NOTE**

Python で GPIO を利用する

PythonでGPIOを利用する準備については p.166を参照してください。

● **Pythonでボタンを押した回数をカウントする**

sotech/6-5/swcount.py

```python
#! /usr/bin/env python3

import RPi.GPIO as GPIO
import time

GPIO.setmode(GPIO.BCM)
GPIO.setup(9, GPIO.IN, pull_up_down=GPIO.PUD_UP)

count = 0                              ①変数の値を初期化します

while True:
    if ( GPIO.input(9) == 0 ):
                                       ②端子の入力を調べて、ON状態
                                       であれば次を実行します

        count = count + 1              ③変数の値を増やします

        print( "Count: " + str(count) )
                                       ④カウントした値を表示します

        while ( GPIO.input(9) == 0 ):
                                       ⑤タクトスイッチが離される
                                       まで待機します
            time.sleep(0.1)            ⑥0.1秒待機します
```

197

作成が完了したら実行してみましょう。
Scratchで実行した場合、吹き出しの中にカウントした値が表示されます。

●Scratchで実行してボタンを押した回数をカウントする

Pythonの場合は右のように実行します。

タクトスイッチを押すとカウントした値が表示されます。

●Pythonで実行するコマンド

```
$ sudo python3 swcount.py [Enter]
```

●Pythonで実行してボタンを押した回数を表示する

NOTE

1回の押下で余分にカウントされてしまう

タクトスイッチの特性によって、1回押しただけなのに、複数回カウントされてしまう場合があります。これは、タクトスイッチを押した直後に端子部分がバウンドしてONとOFF状態を繰り返してしまう「**チャタリング**」が原因です。この場合は、p.201の方法でチャタリングを防止できます。

📖 NOTE

プルアップとプルダウン

スイッチを利用すれば、2つの値を切り替える回路を作れます。しかし、スイッチがOFFの状態では、出力する端子（Raspberry Piの入力端子）が開放状態（何も接続されていない）となってしまいます。こうなると、周囲の雑音を拾い、値が安定しない状態となってしまいます。

● スイッチがOFFの状態では周囲の雑音を拾ってしまう

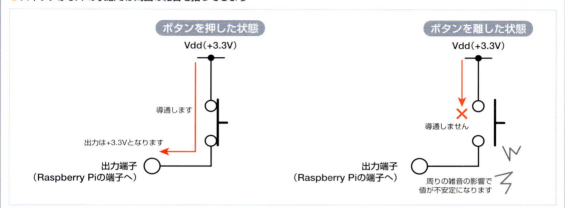

そこで「**プルアップ**」または「**プルダウン**」と呼ばれる方法を利用して、スイッチがOFFの状態でも値が安定するように回路を工夫します。これは、出力端子側に抵抗を入れ、GNDやVdd（電源）に接続しておく方法です。こうしておくことで、スイッチがOFF状態の場合、出力端子に接続されている抵抗を介して値を安定させます。スイッチOFF時に0Vに安定させる方法を「プルダウン」、電圧がかかった状態（Raspberry Piの場合は+3.3V）に安定させる方法を「プルアップ」と呼びます。

プルダウンの場合で動作を説明します。
スイッチがOFFの場合は、出力端子が抵抗を介してGNDにつながります。その際、抵抗には電流が流れないため抵抗の両端の電圧は0Vとなります（オームの法則から電流が0Aだと電圧も0Vとなります）。つまり、出力端子とGNDが直結している状態と同じになり、出力は0Vとなります。
スイッチがONになると、Vddと出力端子は直結した状態となり、出力はVddと等しくなります。また、VddとGNDは抵抗を介して接続された状態となるため、電流が流れた状態になります。
使用する抵抗は、スイッチがON状態の時に流れる電流を考えて選択します。抵抗を小さくしすぎると大電流が流れ、Raspberry Piの故障の

● プルアップとプルダウンの回路図

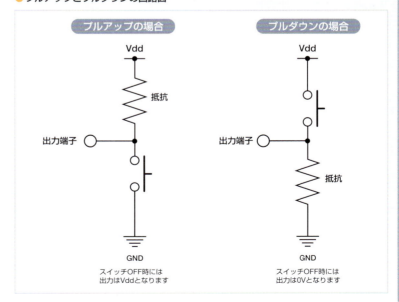

次ページへ

原因になります。一方で抵抗が大きすぎると、出力端子が解放された状態と同じになってしまうので、値が安定しなくなります。

例えば、Vddが3.3Vで抵抗に1kΩを選択した場合だと、オームの法則から、抵抗に流れる電流が3.3mAだと分かります。Raspberry Piを利用する場合は、この程度の電流にすると良いでしょう。

また、Raspberry Piでは、SoC内の各GPIO端子にプルアップ、プルダウン抵抗が搭載されています。設定を変更することでプルアップ、プルダウン抵抗を有効にできます。ただし、3番、5番端子については、プルアップがされた状態に固定されており、プルダウンや何も接続しない状態に切り替えることができません。

● プルダウンの原理

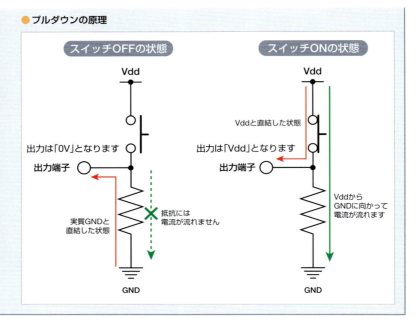

📖 NOTE

チャタリングを防ぐ

スイッチは、金属板を使って端子と端子を接続することで、導通状態にします。しかし、金属板を端子に付ける際、反動によって付いたり離れたりをごく短い時間繰り返します。人間にとっては振動しているか分からないほど短い時間であるため、すぐにON状態に切り替わると感じますが、電子回路上ではこの振動を感知してしまい「ONとOFFを繰り返している」と見なしてしまうことがあります。こうなると、前述したようにカウントする際に複数回分増えてしまったり、キーボードのような入力装置では文字が複数入力されてしまいます。
このような現象を「**チャタリング**」と呼びます。

● スイッチを切り替えるとチャタリングが発生する

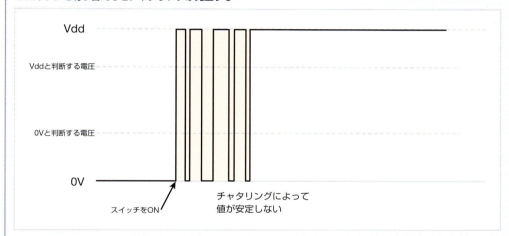

チャタリングを回避するには、プログラムを工夫する方法や、チャタリングを緩和する回路を作成する方法があります。特にプログラムで回避する方法は簡単に施せるのでおすすめです。

チャタリングはごく短い時間に発生します。そこで、チャタリングが起こっている間は一時的に待機させ、次の命令を実行しないようにすると、チャタリングを回避できます。ここでは、スイッチが切り替わったのを認識したら、0.1秒程度待機させるようにしてみます。

Scratch3の場合は、右上図のように「・・・秒待つ」ブロックを直後に配置し、0.1秒待つようにします。Scratchの場合も同じように待機します。
Pythonの場合も同様に、「time.sleep()」を挿入して待機します。

● Scratchのスクリプト上でチャタリングを回避する

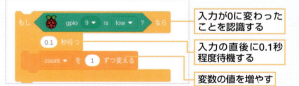

- 入力が0に変わったことを認識する
- 入力の直後に0.1秒程度待機する
- 変数の値を増やす

● Pythonのスクリプト上でチャタリングを回避する

```
if ( GPIO.input(9) == 0 ):
    time.sleep(0.1)
    count = count + 1
```

- 入力が0に変わったことを認識する
- 入力の直後に0.1秒程度待機する
- 変数の値を増やす

Part 6　電子回路をRaspberry Piで制御する

Chapter 6-6　扇風機を制御する

Raspberry PiのGPIOは、デジタルだけでなく擬似的なアナログとして利用できる「PWM」での出力が可能です。PWMを使って、DCモーターを使った扇風機の速度をRaspberry Piで制御できるようにしましょう。

アナログでの出力

　LEDの点灯で説明したように、Raspberry PiのGPIOではデジタル出力ができます。しかし、デジタルでは点灯するか消灯するかの2通りしか表せません。

　これに対し「**アナログ出力**」を利用すると無段階で電圧を変化できます（Raspberry Piは多段階に電圧を変化できます）。つまり、アナログ出力を利用すれば、LEDの明るさを自由に調節できるようになります。

　Raspberry PiのGPIOはアナログでの出力はできません。しかし「**パルス変調**」（**PWM**：Pulse Width Modulation）という出力方式を利用することで、擬似的にアナログ出力が可能です。PWMでは、0Vと3.3Vを高速で切り替えながら、擬似的に0Vと3.3V間の電圧を作り出す方式です。電圧は0Vを出力している時間と3.3Vを出力している時間の割合で決まります。例えば、2.2Vと同様な電圧を得たい場合、3.3Vの時間を2、0Vの時間を1の割合で出力するようにします。

　ここでは、**DCモーター**で作成した扇風機の羽根が回る速度を、PWM出力を使ってRaspberry Piで調節できるようにします。

●パルス変調での疑似アナログ出力

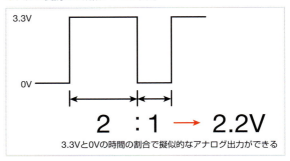

3.3Vと0Vの時間の割合で擬似的なアナログ出力ができる

●DCモーターで作成した扇風機

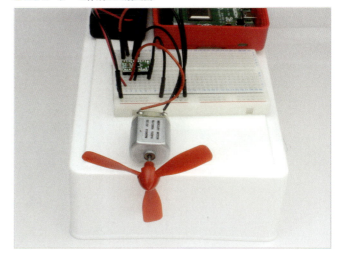

> 📖 **NOTE**
>
> **PWMの電圧**
> Raspberry PiのPWM出力はデジタル出力のHIGHが3.3Vなため、0Vと3.3Vを切り替えるようになっています。しかし、Arduinoなどの他のマイコンボードでは、0Vと5Vといった具合に、切り替える電圧が異なることがあります。

》回転動作をする「DCモーター」

　モーターは、電源につなぐと軸が回転する部品です。中にコイルと磁石が入っており、電気を流して電磁石となった軸を、周囲に配置した磁石と寄せ合ったり反発したりしながら回転します。

　モーターにはいくつかの種類があり、回転させるための電圧のかけ方などが異なります。「**DCモーター**」は、直流電圧をかけるだけで回転します。手軽に動かせるため、模型などさまざまな用途で用いられています。

　DCモーターには2つの端子が搭載されています。2つの端子の一方に電源の＋側、もう一方に－側を接続すると回転します。＋－を逆に接続すると、回転も逆転します。

　かける電圧によって回転する速度が変化します。電圧が低いと遅く、高いと早くなります。ただし、モーターにはかけることができる電圧の範囲が決まっています。例えば、FA-130RAは、1.5から3Vの範囲が動作を推奨する電圧です。

● 内部の磁石で軸を回転させるモーター

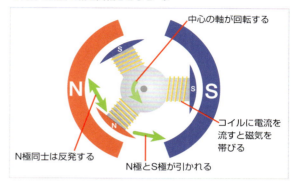

● DCモーター「FA-130RA」

📖 NOTE

モーターの種類によって仕組みが異なる

DCモーターは中央の軸に取り付けた電磁石の極性を切り替えながら回転させています。これ以外にも、軸に永久磁石を用いて周囲に電磁石を取り付けて動作させるブラシレスモーターやステッピングモーターなどもあり、それぞれ回転させる方法が異なります。誤ってDCモーターではないモーターを購入しないよう注意しましょう。

》モーターを動作させる「モーター制御用IC」

　LEDの点灯では、Raspberry PiのGPIO端子に直接接続しました。しかし、モーターを制御する場合は、Raspberry PiのGPIO端子に直接つないではいけません。モーターを駆動させるには、比較的大きな電流を流す必要があります。そのため、直接GPIOに接続すると、電流によりRaspberry Piが故障する恐れがあります。さらに、扇風機の羽（モーター）を手で回すと発電します。手でモーターを回して電流が発生すると、Raspberry Piに流れ込んでやはり故障させてしまう危険性があります。他にも、モーターによる雑音で他のセンサーなどに悪影響を及ぼす恐れもあります。

　そのためモーターを利用する場合は、「**モーター制御用IC**」を使用します。モーター制御用ICを用いれば、電気の逆流の防止や、雑音の軽減が可能です。

モーターは電力を多く消費します。Raspberry Piからの電源でモーターを制御しようと試みた際、場合によってはRaspberry Piや電子回路上にある部品に供給する電力が不足して停止してしまう恐れがあります。そこで、モーター制御用ICでは、別途モーター制御用に用意した電源から電気を供給します。

本書で使用する「DRV8835」は上記の特徴を備えています。ここでは、秋月電子通商がDRV8835のチップを基板上に取り付け、ブレッドボードでも利用できるようにした「**DRV8835使用ステッピング&DCモータドライバモジュール**」を使います。

10番（AIN1）と9番端子（AIN2）に制御用の信号を入力すると、それに従って2番と3番端子に接続したモーターを動かすことが可能です。また、1番端子にはモーターを動作させるための電源を接続します。この回路では、扇風機を駆動させる電源を別途乾電池から取得するようにしています。

DRV8835は2つの入力端子を備えています。これは、モーターの回転数を制御するだけでなく、モーターを逆回転させるなどの制

● モーター制御用ICモジュール
　「DRV8835使用ステッピング&DCモータドライバモジュール」

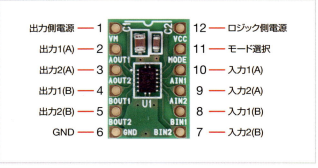

NOTE

DRV8835は2つのモーターを制御できる
DRV8835は、1つのチップで2つのDCモーターを同時に制御できます。2つ目のDCモーターを制御する場合は4、5番端子にモーターを接続し、7、8番端子で動作を制御します。

御をできるようにするためです。しかし、今回は扇風機を回すだけなので、回転方向の制御は必要ありません。

ここでは、モーターを正転方向に回転させ、回転数のみ制御することにします。正転させる場合は、入力端子1（10番端子）にRaspberry Piからの制御用の電圧をかけ、入力端子2（9番端子）は0Vとしておきます。

なお、DRV8835には複数の端子が搭載されています。半円の白い印刷が上になるように配置した際、左上から1番端子で反時計回りに2番、3番……左下が6番、右下が7番で、右上が12番となります。

電子回路を作成する

電子回路を作成します。作成に使用する部品は右の通りです。

本書で紹介する電子部品について
記事執筆時点（2020年1月）で入手可能な製品を紹介していますが、今後販売終了になるなど入手できなくなることがありますので、ご了承ください。

● モーター制御用モジュール「DRV8835使用
　ステッピング&DCモータドライバモジュール」……1個
● DCモーター（ケーブル付き）……………………1個
● 単3×2本電池ボックス……………………………1個
● 単3電池……………………………………………2個
● ジャンパー線（オス―オス）………………………4本
● ジャンパー線（オス―メス）………………………3本
● 3枚プロペラ（中）…………………………………1個

》 回路の作成

Raspberry PiのGPIOは、次ページの図の端子を利用します。PWM出力にもGPIO端子が利用できます。ここでは、GPIO 18（端子番号：12）を利用することにします。

● 利用するGPIOの端子

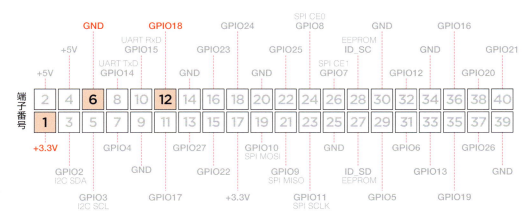

電子回路は右のように作成します。

GPIOからのPWM出力（端子番号：12番）はDRV8835の入力1（端子番号：10番）に接続します。また、入力2はGNDに接続して常に正転するようにします。出力1、2（端子番号：2、3番）はDCモーターに接続します。

続けて、3.3Vの電源（端子番号：1）はDRV8835のロジック側電源（端子番号：12）に接続します。また、モーターを駆動するのに使用する電池は、＋側をDRV8835の出力側電源（端子番号：1）に接続します。－側はブレッドボードのGNDに接続しておきます。

● 扇風機を制御する回路図

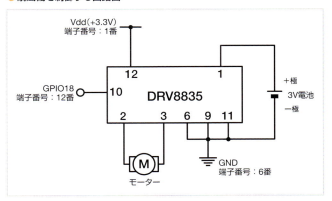

ブレッドボード上に、次の図のように扇風機の制御回路を作成します。DRV8835の向きに注意してください。扇風機が逆回転してしまう場合は、DCモーターの配線を逆に差し直しましょう。

● 扇風機の制御回路をブレッドボード上に作成

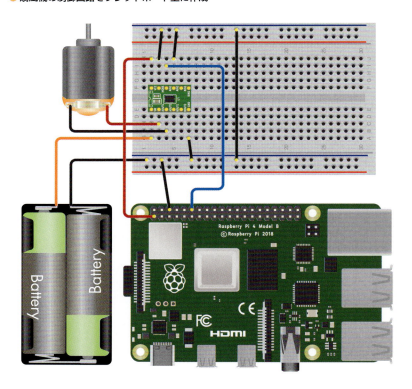

モーターの軸にプロペラを差し込みます。ペットボトルやカメラなどを支えるための小型三脚などを利用して、DCモーターを固定しておきましょう。

プログラムで端子から入力する

回路ができあがったら、Raspberry Pi上でプログラミングを作成し、扇風機を制御してみましょう。扇風機の制御には、Raspberry Piに接続したキーボードのキーを利用することにします。ここでは、Pythonでの作成方法を紹介します。

Pythonの場合は、次ページのようにスクリプトを記述します（本書ではファイル名を「fancontrol.py」とします）。

①今回はキー入力した場合に処理を行うため、キー入力関連のライブラリである「curses」を読み込んでおき

ます。

②PWMで出力するには、利用する端子に対してインスタンスを作成します。「pwmoutput = GPIO.PWM(端子番号, 周波数)」と指定することで、GPIO 18を「pwmoutput」というインスタンスで利用できるようになります。また、周波数は出力時のPWMの周波数を指定します。50Hzで出力する場合は「50」と指定します。

③「pwmoutput.start(0)」でPWMの出力を開始します。この際、括弧内に初期の出力を数字で指定します。

④キー入力を処理できるように「curses.initscr()」で初期化します。この際、インスタンスを作成しておきます。ここでは「stdscr」としてインスタンスを作成しています。

⑤「curses.noecho()」では、キーを押した際に押したキーの文字を画面上に表示しないようにしています。

ここまでは初期設定となります。

「while True:」で各処理を行っています。⑥「stdscr.getch()」でキーの入力状態を確認します。

次に「if」文で条件分岐します。⑦⑧Ａキーが押され、fandutyが100未満ならば「fanduty」の値に10足します。⑩⑪同様にＺキーが押され、fandutyが0超ならば「fanduty」の値から10減らします。

⑨⑫変化した値を「pwmoutput.ChangeDutyCycle()」に指定することで、PWMの出力を変更できます。

⑬Ｑキーを押された場合は、「break」でループから抜け出します。

● Pythonで扇風機を制御する

sotech/6-6/fancontrol.py

```python
#! /usr/bin/env python3

import RPi.GPIO as GPIO
import time
import curses

GPIO.setmode(GPIO.BCM)
GPIO.setup(18, GPIO.OUT)

pwmoutput = GPIO.PWM(18, 50)

pwmoutput.start(0)

stdscr = curses.initscr()

curses.noecho()
fanduty = 0
while True:
    c = stdscr.getch()
    if ( c == ord('a') ) and ( fanduty < 100 ):

        fanduty = fanduty + 10

        pwmoutput.ChangeDutyCycle(fanduty)

    elif ( c == ord('z') ) and ( fanduty > 0 ):

        fanduty = fanduty - 10

        pwmoutput.ChangeDutyCycle(fanduty)

    elif c == ord('q'):
        break
pwmoutput.stop()

curses.echo()

curses.endwin()

GPIO.cleanup()
```

①キー操作を行う為のライブラリを読み込みます

②GPIO 18を「pwmoutput」オブジェクトとして作成します。また、PWMの周波数を50Hzに設定します

③PWMの初期化します。また、初期の出力を「0」にします

④キー入力を行うオブジェクトを作成します

⑤画面上に入力した文字を表示しないようにします

出力の値に利用する変数値を0にします

⑥キー入力を読み取ります

⑦Ａキーが押され、fandutyが100未満の場合に以下を実行します

⑧fandutyに10を加えます

⑨GPIO 18の出力をfandutyに変更します

⑩Ｚキーが押され、fandutyが100超の場合に以下を実行します

⑪fandutyを10減らします

⑫GPIO 18の出力をfandutyに変更します

⑬Ｑキーを押した場合にループから抜けます

⑭PWMの出力を停止します

⑮キー入力文字を表示するよう戻します

⑯ターミナルの表示がおかしくならないよう状態を元に戻します

最後に、終了処理を記述します。⑭「pwmoutput.stop()」でPWMの出力を止め、⑮⑯「curses.echo()」と「curses.endwin() 」でプログラム終了後のキー入力や画面表示がおかしくならないようにしています。

作成が完了したら実行してみましょう。
Pythonの場合は右のように実行します。

● Pythonで実行するコマンド
```
$ sudo python3 fancontrol.py
```

実行するとScratch、Pythonともに A キーを押すと扇風機の回転の速度が上がり、 Z キーを押すと速度が下がります。Pythonの場合は Q キーを押すと終了します。

> **NOTE**
> **モーターが動かない場合**
> 配線やプログラムを正しく作成したにも関わらずDCモーターが回転しない場合は、電池ボックスの電源がONになっているかを確認してください。また、モーターと電池ボックスの配線がブレッドボードから外れていないかも確認してください。

> **NOTE**
> **Scratch 3 は PWM 出力に対応していない**
> Scratch 3で利用できるRaspberry Pi GPIO拡張機能ではPWM出力に対応していませんが、ScratchはPWMでの制御に対応しています。Scratchを利用する場合には次のようにスクリプトを作成します。
>
> ● Scratchで端子の状態を表示する

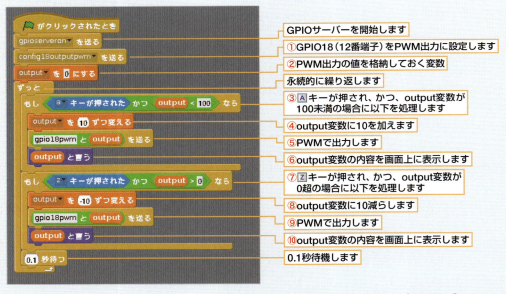

① PWMで出力するには、対象の端子をPWMモードに設定します。設定は「・・・を送る」ブロックに「config18outputpwm」と「config」+「対象の端子」+「outputpwm」のように組み合わせます。
② 端子に出力するPWMの割合を格納しておく「output」変数を準備しておきます。また、初期の値を「0」にします。
③ 「もし・・・なら」ブロックで A キーを押した際の処理を行います。「・・・キーが押されたら」ブロックで押されたかを調べます。また、変数の値を100以上にしてはいけないので「output < 100」ブロックを「・・・かつ・・・」ブロックで条件文に入れ、キーと変数が100未満の場合に処理するようにします。
④ 「・・・を・・・ずつ変える」ブロックでoutput変数に10加算します。
⑤ PWMで出力します。出力は「・・・を送る」ブロックに「gpio」+「対象の端子」+「pwm」+「出力の値」と組み合わせた値を記述します。output変数に格納された値を組み合わせる場合は「・・・と・・・」ブロックで文字列をつなぎ合わせます。
⑥ また、変数の値を「・・・と言う」ブロックで表示します。
⑦⑧⑨⑩ 同様にキーを押した場合の処理も追加します。この場合、条件でoutputが0超の際に処理を行うようにし、-10ずつ変化するようにします。

Part 7

I²Cデバイスを動作させる

I²Cデバイスは、2本の信号線でデータのやりとりを行える規格です。I²Cに対応したデバイスをRaspberry Piに接続すれば、比較的簡単にデバイスを制御できます。液晶デバイスの表示、モーターの駆動、温度や湿度など各種センサーから測定情報の取得などが可能です。本Partでは、A/Dコンバーター、温度、湿度センサー、液晶デバイスをRaspberry PiからI²Cで制御する方法を紹介します。

Chapter 7-1　I²Cで手軽にデバイス制御
Chapter 7-2　アナログ値を入力する
Chapter 7-3　気温・湿度を取得する
Chapter 7-4　有機ELキャラクタデバイスに表示する

Chapter 7-1 I²Cで手軽にデバイス制御

I²Cを利用すると、4本の線を接続するだけでセンサーや表示デバイスを手軽に利用できます。Pythonには I²Cデバイス制御用のライブラリも提供されており、比較的簡単にそれぞれのデバイスを操作できます。

2本の信号線で通信をする「I²C」

　センサーなどのデバイスを利用するには、それぞれの素子を駆動するための回路を作成し、データをコンピュータ（Raspberry Pi）などに送ったり逆に命令を与えたりするような回路の作成が必要です。また、作成した回路によってそれに合ったプログラミングを作成します。デバイスが複数あれば、それぞれのデバイスに対してこれらの作業が必要です。

　このような手間がかかる処理を簡略化するのに、「**I²C**（Inter Integrated Circuit）」（アイ・スクエア・シー）を利用する方法があります。I²Cは、IC間で通信することを目的に、フィリップス社が開発したシリアル通信方式です。

●2本の信号線で動作するI²Cデバイス

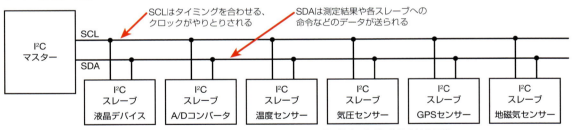

表示デバイスや各種センサーなどを、数珠つなぎに複数台接続可能

　I²Cの大きな特徴は、データをやりとりする「**SDA**（シリアルデータ）」と、IC間でタイミングを合わせるのに利用する「**SCL**（シリアルクロック）」の2本の線を繋げるだけで、お互いにデータのやりとりをするようになっていることです。実際には、デバイスを動作させるための電源とGNDを接続する必要があるため、それぞれのデバイスに4本の線を接続することになります。

　表示デバイスや温度、湿度、気圧、圧力、光などといった各種センサー、モーター駆動デバイスなど、豊富なI²Cデバイスが販売されており、電子回路を作成する上で非常に役立ちます。

　また、I²Cには様々なプログラム言語用のライブラリや操作用のプログラムが用意されているのも特徴です。Raspberry Piでも利用する言語に合ったライブラリを導入しておけば、I²Cデバイスを比較的簡単に操作できるようになります。

I²Cは、各種デバイスを制御するマスターと、マスターからの命令によって制御されるスレーブに分かれます。マスターはRaspberry Piにあたり、それ以外のI²Cデバイスがスレーブにあたります。

» Raspberry PiのI²C端子

I²CデバイスをRaspberry Piに接続するには、GPIOと同じ端子を利用します。データの送受信をする「SDA」は端子番号3番、クロックの「SCL」は端子番号5番に接続します。I²Cデバイスの電源とGNDを接続するのを忘れないようにします。

複数のI²Cデバイスを接続する場合は、それぞれの端子を枝分かれさせて接続をする必要があります。しかし、Raspberry Piには各端子が1つしかありません。そこで、まずRaspberry Piからブレッドボードに接続し、その後それぞれのI²Cデバイスに分けて接続します。また、空いている電源用ブレッドボードを利用すると、多くのI²Cデバイスを接続する際に、配線が整理されてわかりやすくなります。

● 複数のI²Cデバイスへの配線

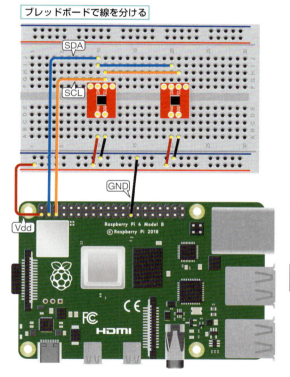
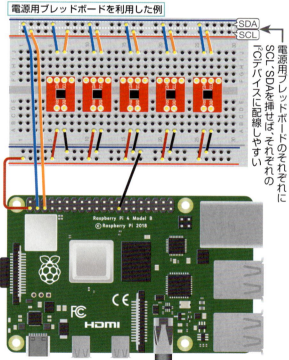

Part 7 I²Cデバイスを動作させる

> **NOTE**
>
> **I²C チャンネルを指定する**
>
> I²Cを実際に操作するには、どの**I²Cチャンネル**を利用するかを指定する必要があります。現在販売されているRaspberry Piは、チャンネルが「1番」になっています。そのため、チャンネル番号の指定は「1」とします。
> また、Raspberry Piには複数のI²Cチャンネルを利用できます。すべてのRaspberry Piでは、27番（SDA）と28番（SCL）を「0」チャンネルとして使えます。さらに、Raspberry Pi 4では、3チャンネル（SDA：GPIO 2またはGPIO 4、SCL：GPIO 3またはGPIO 5）、5チャンネル（SDA：GPIO 6またはGPIO 8、SCL：GPIO 7またはGPIO 9）、5チャンネル（SDA：GPIO 10またはGPIO 12、SCL：GPIO 11またはGPIO 13）の計4チャンネルを利用できます。
> もし0チャンネル（27番、28番）をI²Cとして使いたい場合は、「/boot/config.txt」ファイルの末尾に右の設定を追記します。
>
> ```
> dtparam=i2c_arm=on
> dtparam=i2c_vc=on
> device_tree_param=i2c0=on
> device_tree_param=i2c=on
> ```
>
> 設定して再起動すると、27番をSDA、28番をSCLとして利用可能です。ただし、27番、28番端子にはプルアップ抵抗が搭載されていないためそのまま利用すると動作が不安定になることがあります。この場合は、別途10kΩ程度の抵抗を利用してプルアップしておく必要があります。
> また、プルアップ抵抗が搭載されていないため、I²Cデバイス側でプルアップされていてRaspberry Piで正しく動作しないものでも、この端子を使うことで動作できるようになることがあります。

Raspberry PiでI²Cを利用する準備

Raspberry PiでI²Cデバイスを利用するには、いくつかの準備が必要です。次の設定をしましょう。

1 I²Cを利用したプログラムなどに必要となる「i2c-tools」と「python3-smbus」パッケージはすでにインストールされています。もし、インストールされていない場合は右上のようにコマンドを実行してインストールしておきます。

2 「Raspberry Piの設定」を利用してI²Cを有効にします。画面左上の「Menu」をクリックして「設定」➡「Raspberry Piの設定」を選択します。

3 「インターフェイス」タブの「I2C」を「有効」に切り替えます。これで、I²Cが有効になります。

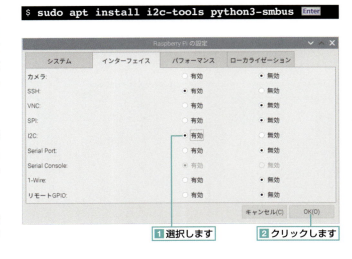

> **NOTE**
>
> **I²Cの動作クロック**
>
> I²Cの動作クロックは、一般的に「100KHz」を利用します。この100KHz程度の転送スピードは「標準モード」と呼ばれます。このほか10KHz程度で動作する「低速モード」や、400KHz程度で動作できる「ファーストモード」、3.4MHzで動作する「高速モード」があります。

Chapter 7-1　I²Cで手軽にデバイス制御

> 📖 **NOTE**
>
> **I²Cの動作クロックを変更する**
>
> Raspbianでは、I²Cの動作クロックとして100KHzに設定されています。この動作クロックは設定をすることで変更が可能となっています。たとえば、100KHzで通信できない電子パーツを使う場合には、動作クロックを下げないと正しく動作しません。このような場合は設定の変更が必要となります（本書で利用した電子パーツは動作クロックの変更は必要ありません）。
> 設定は「/boot/config.txt」ファイルを変更します。以下のように実行してテキストエディタでファイルを編集します。
>
> ● **GUI環境で作業する場合**
>
> ```
> $ sudo mousepad /boot/config.txt  Enter
> ```
>
> ● **CUI環境で作業する場合**
>
> ```
> $ sudo nano /boot/config.txt  Enter
> ```
>
> テキストエディタが起動したら、次の内容を末尾に追記して保存します。これで設定完了です。設定が完了したらRaspberry Piを再起動しておきます。
>
> /boot/config.txt
> ```
> dtparam=i2c_baudrate=50000
> ```
>
> これで通信速度が変更されます。
> なお、NOOBS1.3.10以前を利用している場合は、設定する場所が異なります。管理者権限でテキストエディタを起動し、「/etc/modprobe.d/i2c.conf」ファイルを作成します。テキストエディタが起動したら、次の1行を記述します。
>
> ```
> options i2c_bcm2708 baudrate=50000
> ```

I²Cスレーブのアドレスを調べる

前述したように、I²Cは複数のデバイスを接続することが可能です。そのため、デバイスを制御する場合に、対象デバイスを指定する必要があります。各I²Cデバイスにはアドレス（**I²Cアドレス**）が割り当てられており、I²Cマスターから利用するデバイスのアドレスを指定することで制御できます。アドレスは、16進数表記で0x03から0x77までの117個のアドレスが利用できます。

各I²Cデバイスは、ほとんどが製品出荷時にアドレスが割り当てられています。アドレスはデバイスのデータシートなどに記載されています。I²Cデバイスによっては、アドレス選択用の端子が用意されており、VddやGNDなどに接続したり、ジャンパーピンを導通することで、アドレスを変更できるものもあります。

もし、I²Cデバイスのアドレスが分からない場合は、Raspberry Pi上で「**i2cdetect**」コマンドを実行することで調べられます。I²CデバイスをRaspberry Piに接続して給電し、右のように実行します。

● **接続されたI²Cデバイスのアドレスを調べる**

```
$ sudo i2cdetect 1  Enter
```

Part 7
I²Cデバイスを動作させる

213

コマンドの後に付加する数字はI²Cのチャンネル番号「1」を指定します。

実行するか尋ねられるので「y Enter」と入力すると、現在接続されているI²Cデバイスのアドレスが一覧表示されます。右の例では、「0x48」にI²Cデバイスが接続されていることが分かります。

複数のI²Cデバイスを接続していると、接続されたデバイス分のアドレスがすべて表示されます。アドレスとデバイスが紐付けられない場合は、1つずつI²Cデバイスを接続して調べるようにしましょう。

● I²Cデバイスのアドレスが分かった

0x48にI²Cデバイスが接続されているのが分かります

POINT
アドレスが表示されないデバイスもある

I²Cデバイスの中には、i2cdetectコマンドでアドレスを取得できないものもあります。例えば、秋月電子通商で販売されている液晶キャラクタデバイス「ACM1602NI」はアドレスが表示されません。さらにi2cdetectコマンドを実行すると、ACM1602NIを制御できなくなります。電子パーツによってI²Cの利用方法が異なるので、注意しましょう。

NOTE
10進数、16進数、2進数

一般生活では、0～9の10個の数字を利用して数を表しています。この表記方法を「**10進数**」といいます。しかし、コンピュータでは10進数での数字表記では扱いが面倒になる場合があります。
コンピュータではデジタル信号を利用しているため、0か1の2つの状態しかありません。それ以上の数字を表す場合は、10進数同様に桁を上げて表記します。つまり1の次は桁が上がり、10となります。この0と1のみで数を表記する方法を「**2進数**」といいます。
しかし、2進数は0と1しか無いため桁が多くなればなるほど、どの程度の値かが分からなくなってしまいます。例えば、「10111001」と表記してもすぐに値がどの程度か分かりません。
そこで、コンピュータでは2進数の4桁をまとめて1桁で表記する「**16進数**」をよく利用します。2進数を4桁で表すと、表のように16の数字が必要です。数字には0から9の10文字しか無いため、残り6個をa～fまでのアルファベットを使って表記します。先述した「10111001」は16進数で表すと、「b9」と表記できます。ちなみに、16進数のアルファベットは大文字を使用して表記する場合もあります。

● 10進数、16進数、2進数の表記

10進数	16進数	2進数
0	0	0
1	1	1
2	2	10
3	3	11
4	4	100
5	5	101
6	6	110
7	7	111
8	8	1000
9	9	1001
10	a	1010
11	b	1011
12	c	1100
13	d	1101
14	e	1110
15	f	1111

Chapter 7-1 ‖ I²Cで手軽にデバイス制御

📖 **NOTE**

Raspberry Pi 上での 16 進数、2 進数の表記方法

「a4」のようにアルファベットが数字表記に入っていれば16進数だと分かります。しかし、「36」と表記した場合、10進数であるか16進数であるか分かりません。そこで、Raspberry Piのコマンドやプログラム上で16進数を表記する際は、数字の前に「0x」を表記します。つまり、「0x36」と記載されていれば16進数だと分かります。
同様に2進数で表記する場合は「0b」を付けます。一般的に10進数の場合は何も付けずそのまま数値を表記します。

📖 **NOTE**

Raspberry Pi のリビジョンの調べ方

Raspberry Piは、2012年2月から販売が開始されています。それ以降、Raspberry Piは使用する部品の変更や改良などを行っており、発売時期や組み立てた工場（例えばソニーやEgoman Technology社などで製造したRaspberry Piがあります）によって多少設計が異なるものがあります。Raspberry Piには、この違いを表す「リビジョン番号」が付けられています。例えば、初期の製品は「リビジョン0002」、最新の製品は「000e」や「000f」と付けられています。

● 主なRaspberry Piのリビジョン番号

リビジョン番号	モデル	製造時期	搭載メモリー容量	基板のリビジョン番号
0010	Model B+	2014年第3四半期	512Mバイト	1.0
0011	Compute Module 1	2014年第2四半期	512Mバイト	1.0
0012	Model A+	2014年第4四半期	256Mバイト	1.1
0013	Model B+	2015年第1四半期	512Mバイト	1.2
0014	Compute Module 1	2014年第2四半期	512Mバイト	1.0
0015	Model A+	不明	256Mバイト/512Mバイト	1.1
a01040	2 Model B	不明	1Gバイト	1.0
a01041	2 Model B	2015年第1四半期	1Gバイト	1.1
a21041	2 Model B	2015年第1四半期	1Gバイト	1.1
a22042	2 Model B	2016年第3四半期	1Gバイト	1.2
900021	Model A+	2016年第3四半期	512Mバイト	1.1
900032	Model B+	2016年第2四半期	512Mバイト	1.2
900092	Zero	2015年第4四半期	512Mバイト	1.2
900093	Zero	2016年第2四半期	512Mバイト	1.3
920093	Zero	2016年第4四半期	512Mバイト	1.3
9000c1	Zero W	2017年第1四半期	512Mバイト	1.1
a02082	3 Model B	2016年第1四半期	1Gバイト	1.2
a020a0	Compute Module 3	2017年第1四半期	1Gバイト	1.0
a22082	3 Model B	2016年第1四半期	1Gバイト	1.2
a32082	3 Model B	2016年第4四半期	1Gバイト	1.2
a020d3	3 Model B+	2018年第1四半期	1Gバイト	1.3
9020e0	3 Model A+	2018年第4四半期	512Mバイト	1.0
a03111	4 Model B+	2019年第4四半期	1Gバイト	1.1
b03111	4 Model B+	2019年第4四半期	2Gバイト	1.1
c03111	4 Model B+	2019年第4四半期	4Gバイト	1.1
c03112	4 Model B+	2018年第4四半期	1Gバイト	1.2

次ページへ

リビジョン番号	モデル	製造時期	搭載メモリー容量	基板のリビジョン番号
c03112	4 Model B+	2018年第4四半期	2Gバイト	1.2
c03112	4 Model B+	2018年第4四半期	4Gバイト	1.2

使用中のRaspberry Piがどのリビジョンであるかを調べるには、Raspberry Piのコンソールや端末アプリで次のようにコマンドを実行すると情報が表示されます。この中の「Revision」の右に表示された文字列がリビジョン番号です。

●リビジョン番号の表示

```
$ cat /proc/cpuinfo [Enter]
```

リビジョンは、モデル（Model AやModel B）や搭載メモリーの違いのほかに、基板のレイアウトによっても異なります。基板の違いによって部品の配置が異なるほか、利用できるインタフェースが変わってきます。この違いを表すため、基板にもリビジョン番号が付いています。

基板のリビジョンは、前述したRaspberry Piのリビジョン番号を確認することで分かります。例えば、リビジョン番号が「c03112」ならば基板のリビジョン番号は「1.2」だと分かります。

Chapter 7-2 アナログ値を入力する

I²CデバイスのA/Dコンバーター「ADS1015」を利用すると、I²Cを介してRaspberry Piにアナログ信号を入力できます。ここでは、ADS1015とボリューム、照度センサーの「CdS」を使ってボリュームの状態や周囲の明るさをRaspberry Piで取得してみます。

I²Cデバイスを利用したアナログ入力

電子回路から入力をするのは、スイッチなどを切り替えるデジタルな情報だけではありません。例えば、音量調節のボリュームや、周囲の明るさの取得などの場合には、アナログ情報を扱える必要があります。しかし、Raspberry PiのGPIOはデジタル入力のみに対応しているので、アナログ入力はできません。

このような場合に役立つのが、アナログ情報をI²Cを介して入力できるデバイスを利用する方法です。アナログデータを処理し、数値化（デジタル化）してRaspberry Piで扱えるようになります。

アナログ入力が可能なI²Cデバイスに、テキサスインスツルメンツ社製のA/Dコンバーター「**ADS1015**」があります。ADS1015は、アナログ入力を12ビットのデジタル信号に変換し、I²Cを介してコントローラーに送ります。ユーザーは取得した値を使うことで、アナログ入力の電圧を知ることができます。このような装置を、アナログ情報をデジタル情報に変更することから「**A/Dコンバーター**（Analog to Digital Converter：ADC）」と呼びます。また、ADS1015では4つのアナログ入力を同時にできます。

●I²C対応、12ビットA/Dコンバーター「ADS1015」を搭載したボード

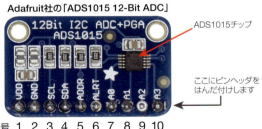

●ピンヘッダをはんだ付けした例

●I²Cのアドレス選択

ADDRの接続先	I²Cのアドレス
GND	0x48
Vdd	0x49
SDA	0x4A
SCL	0x4B

ADS1015は約5mm角の小さい部品なため、ブレッドボード上でそのまま扱うことはできません。そこで、Adafruit社が販売する基板化された商品を利用すると良いでしょう。ピンヘッダが別途付属しており、はんだ付

けすることでブレッドボードに差し込んで利用できるようになります。日本ではスイッチサイエンスで「ADS1015搭載 12Bit ADC 4CH 可変ゲインアンプ付き」として販売されています。

> **NOTE**
>
> **I²C のアドレスを選択可能**
>
> ADS1015では、データの書き込み先となるI²Cのアドレスを4種類選択できます。アドレスはADDR端子（端子番号5）の接続先によって変えられます。例えば、ADDRをGNDに接続すれば0x48、Vddに接続すれば0x49となります。アドレスの選択については前ページの表を参照してください。

> **NOTE**
>
> **秋月電子通商製の互換ボード**
>
> 秋月電子通商では、ADS1015を利用したA/Dコンバーターボード「ADS1015使用 PGA機能搭載 12bitADコンバーター」を販売しています（通販コード：K-13838）。このボードはAdafruit社製のボードと同じピン配列となっているため、入れ替えて利用することもできます。また、Adafruit社製が約1,500円であるのに対し、秋月電子通商製は540円と安価となっています。

> **Keyword**
>
> **12ビットのデジタルデータ**
>
> 実際のアナログ信号は、小数点以下が無限に続く無理数です。例えば、1Vであったとしても、実際は1.002581……と正確な「1」になるわけではありません。しかし、コンピュータはこのような無理数を扱えず、必ず小数点以下が有限となる有理数である必要があります。そこで、アナログ信号をコンピュータで扱う場合は、特定の小数点以下の値を切り捨てて使用します。
>
> また、コンピュータはデジタルデータを扱っていますが、デジタルデータはp.183で説明したように1または0の2通りの状態です。これだけでは一般的な数値は扱えません。そこで、1と0のデータをいくつかまとめて数値を表せるようにしています。一般的には8ビット（0〜255）、16ビット（0〜65,535）などが利用されます。
>
> ADS1015は、12ビットのデータに変換します。12ビットは4096まで扱えます。ADS1015では、入力したアナログデータを（上下16程度の遊びを取った）約4000段階の値に変換し、数値化したデータをI²Cで送ります。

> **NOTE**
>
> **16ビットデータを扱える「ADS1115」**
>
> テキサスインスツルメンツ社では、アナログ入力を16ビットのデータに変換する「ADS1115」も提供しています。これを使用すると、変換したデータは16ビット（約65000段階）のデジタルデータに変換されます。Adafruit社では、このADS1115を基板に搭載した商品も販売しています。

ADS1015の制御プログラムを導入する

ADS1015をI²Cで制御し、アナログ入力してみましょう。Adafruit社では、ADS1015の入力をプログラムで扱いやすいように、Pythonの各種関数を用意しています。これを導入すれば、ADS1015を扱うための初期設定や入力した数値を電圧値に変える計算などを自分でプログラミングする手間が省けます。

ADS1015関連のプログラムは、Raspberry Piがインターネットにアクセスできる環境で、次のように実行すれば入手できます。

```
$ git clone https://github.com/adafruit/Adafruit_Python_ADS1x15.git Enter
$ cd Adafruit_Python_ADS1x15 Enter
$ sudo python3 setup.py install Enter
```

抵抗値を調節できる「可変抵抗」

アナログ値を自由に調節できる電子部品として「**可変抵抗**」があります。可変抵抗とは、名称が表すように、抵抗値を変えられる素子です。音量を調節する場合などにも利用されています。可変抵抗は「**ボリューム**」や「**ポテンショメーター**」とも呼ばれます。

可変抵抗は内部の抵抗値が変化します。しかし、A/Dコンバーターは電圧の状態を読み取るため、可変抵抗をそのままA/Dコンバーターに接続しても変化を読み取ることができません。そこで、電源に接続することで抵抗の変化を電圧の変化として取り出すことが可能となります。

抵抗値の変化を電圧の変化に変換するには、右のように2つの抵抗を直列接続して両端に電圧をかけます。このとき、抵抗の間の電圧は右の図のように求めることができます。たとえば、R1の1kΩ、R2に2kΩとすれば間の電圧は2.2Vと求まります。R1とR2が変われば出力する電圧も変化します。この電圧をA/Dコンバーターで読み取るようにします。

可変抵抗には3つの端子があります。そのうち2つの端子は、抵抗素子の両端に接続されています。つまり、可変抵抗の最大抵抗値となります。もう1つの端子（通常は中央に配置された端子）は、抵抗素子上を動かせるようになっています。この端子と抵抗素子の端に接続された1つの端子との間の抵抗は、中央の端子を移動させることで抵抗値が変わります。抵抗素子の両端に付いている端子を、電源とGNDに接続することで、移動できる端子の電圧を変化できます。

● 特定の電圧を取り出す方法

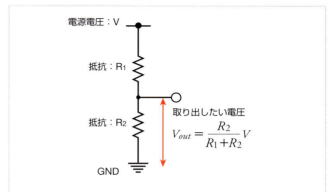

R1を1kΩ、R2を2kオーム、電源電圧を3.3Vにすると、2.2Vを取り出せる

$$V_{out} = \frac{2k}{1k+2k} \times 3.3 = \frac{2}{3} \times 3.3 = 2.2$$

● 抵抗素子上を移動することで抵抗値を変えられる

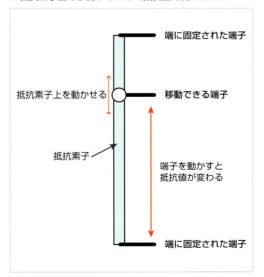

固定抵抗には、つまみを付けて自由に変化できる「**ボリューム**」があります。多くの場合は回転させて抵抗値を調節しますが、中には上下に動かして変化させるスライダー形式のボリュームもあります。

また、一度調節したら通常は抵抗値を変えないといった使い方をする場合は、「**半固定抵抗**」を利用します。今回のコントラストの調節のような場合は、一度調節したら頻繁には変更しないため、半固定抵抗を利用すると良いでしょう。半固定抵抗は、ドライバーなどで回転させるようになっています。また、部品自体が小さく、直接基板に付けることができます。ブレッドボードに挿しても利用できます。

●抵抗値を調節できる可変抵抗の例

ボリューム

可変抵抗の回路記号

半固定抵抗

可変抵抗の状態を読み取る電子回路を作成する

ADS1015と可変抵抗を利用して電子回路を作成してみましょう。作成に使用する部品は右の通りです。

Raspberry Piに接続する端子はI²Cを利用するので、SDA（端子番号：3番）とSCL（端子番号：5番）端子を利用します。

- ADS1015 ……………………………………… 1個
- 半固定抵抗（1kΩ）…………………………… 1個
- ジャンパー線（オス―メス）………………… 4本
- ジャンパー線（オス―オス）………………… 6本

POINT
本書で紹介する電子部品について
記事執筆時点（2020年1月）、入手可能な製品を紹介していますが、今後販売終了になるなど入手できなくなることがありますので、ご了承ください。

●利用するRaspberry Piの端子

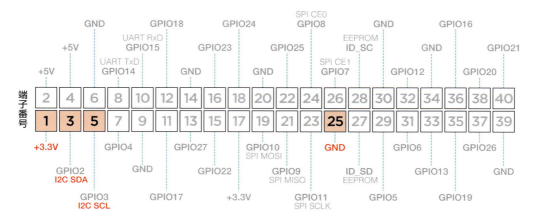

Chapter 7-2　アナログ値を入力する

　半固定抵抗の出力をADS1015でアナログ入力する電子回路は右のように作成します。

　ADS1015の電源とGNDを、I²CのSDAとSCL端子をRaspberry Piの各端子に接続します。また、I²Cのアドレスとして0x48を使用するため、ADDR端子（端子番号：5番）をGNDに接続しておきます。

　アナログ入力はA0からA3の4チャンネルを搭載しています。今回はA0（端子番号：7番）を利用することにします。また、半固定抵抗の両端の端子を3.3VとGNDに接続して抵抗値の変化を電圧値の変化に変換するようにします。これで回路は完成です。

●半固定抵抗の出力をADS1015でアナログ入力する回路図

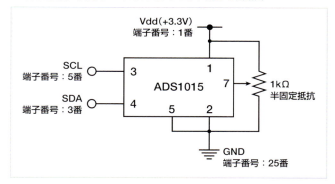

　ブレッドボード上に、右の図のように半固定抵抗の出力をアナログ入力する回路を作成します。

●半固定抵抗の出力をアナログ入力する回路をブレッドボード上に作成

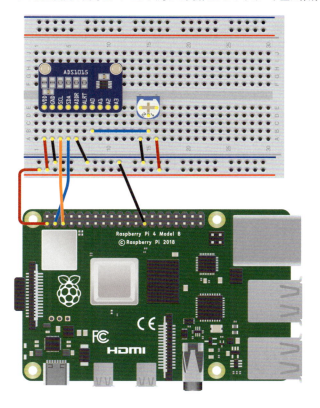

Part 7　I²Cデバイスを動作させる

221

プログラムで半固定抵抗の状態を取得しよう

回路の作成ができたらRaspberry Pi上でプログラミングを作成しましょう。ここでは、Pythonでの作成方法を紹介します。

次のようにテキストエディタでプログラムを作成します。ここでは作成したプログラムを「analogin.py」として保存します。

ADS1015からの値を取得する関数などを利用できるようにします。

①インストールしたADS1x15のライブラリを読み込みます。

②ADS1015の読み込み対象の電圧の範囲を指定します。CdSの出力は3.3Vまでに収まるため、「1」を指定して-4.096Vから4.096Vの範囲で計測します。

③読み込んだライブラリー内にあるクラスを「adc」を指定することで使えるようにします。ADS1015を使っている場合は「Adafruit_ADS1015()」を、ADS1115を使っている場合は「Adafruit_ADS1115()」を指定します。

●Pythonで半固定抵抗からの入力を表示するスクリプト

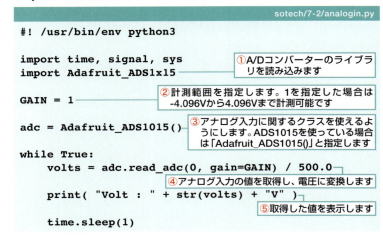

sotech/7-2/analogin.py

```
#! /usr/bin/env python3

import time, signal, sys
import Adafruit_ADS1x15

GAIN = 1

adc = Adafruit_ADS1015()

while True:
    volts = adc.read_adc(0, gain=GAIN) / 500.0
    print( "Volt : " + str(volts) + "V" )
    time.sleep(1)
```

①A/Dコンバーターのライブラリを読み込みます
②計測範囲を指定します。1を指定した場合は-4.096Vから4.096Vまで計測可能です
③アナログ入力に関するクラスを使えるようにします。ADS1015を使っている場合は「Adafruit_ADS1015()」と指定します
④アナログ入力の値を取得し、電圧に変換します
⑤取得した値を表示します

④「adc.read_adc()」関数で、現在のアナログ入力の値を取得します。その際、括弧内にはアナログ入力のチャンネル、ゲイン（GAINで指定した値）を指定します。これを500.0で割ると、おおよそ入力した電圧になります（実際の値と多少誤差が生じます）。

⑤取得した電圧値を表示します。

スクリプトを実行してみましょう。管理者権限で右のように実行します。

●Pythonで作成したプログラムを実行

```
$ sudo python3 analogin.py [Enter]
```

これで現在の半固定抵抗の電圧値が表示されます。半固定抵抗を調節すると値が変化することがわかります。

● スクリプトの実行結果

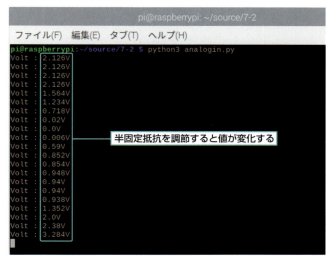

半固定抵抗を調節すると値が変化する

明るさで抵抗値が変わる「CdSセル」

今回は、周囲の明るさの状態を利用してアナログ入力をします。これには、明るさを検知するセンサーが必要です。ここでは、明るさによって内部抵抗が変化する素子「**CdSセル**」を使用することにします。

CdSセルは、材料に硫化カドミウム（CdS）を利用した素子で、光が当たると内部の抵抗が小さくなる特性を持っています。この抵抗値を読み取れば、どの程度の明るさかが分かります。

販売されるCdSセルには、暗い状態と明るい状態の抵抗値が記載されています。例えば1MΩのCdSセルでは暗い状態で500kΩ、明るい状態（10ルクス）で10〜20kΩの抵抗になるようになっています。また、100ルクス程度の明るさならば2〜3kΩになります。

今回は、1MΩのCdSセル「**GL5528**」を使用することにします。また、素子には極性はありませんので、どちらの方向に接続しても問題ありません。

● 明るさによって内部抵抗が変わる「CdSセル」

CdS

CdSの回路記号

電子回路を作成する

　ADS1015とCdSセルを利用して電子回路を作成してみましょう。作成に使用する部品は右の通りです。

　Raspberry Piに接続する端子はp.220と同じです。

- ADS1015 ……………………………………… 1個
- CdSセル（GL5528）………………………… 1個
- 抵抗（10kΩ）………………………………… 1個
- ジャンパー線（オス―メス）……………… 4本
- ジャンパー線（オス―オス）……………… 3本

> **POINT**
>
> **本書で紹介する電子部品について**
> 記事執筆時点（2020年1月）、入手可能な製品を紹介していますが、今後販売終了になるなど入手できなくなることがありますので、ご了承ください。

　CdSセルの出力をADS1015でアナログ入力する電子回路は次の回路図のように作成します。

　ADS1015のアナログ入力としてA0（端子番号：7番）にCdSセルを接続し、他方をVddに接続します。また、分圧（p.219を参照）しておきます。

　これで回路は完成です。

● CdSセルの出力をADS1015でアナログ入力する回路図

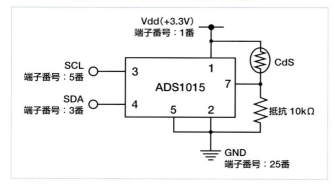

> **NOTE**
>
> **CdSセルの電圧**
> CdSセルの状態からアナログ入力される電圧は、計算である程度求めることができます。詳しくはp.226を参照してください。

ブレッドボード上に、右の図のようにアナログ入力回路を作成します。

●アナログ入力回路をブレッドボード上に作成

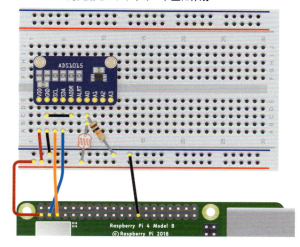

プログラムで明るさを取得しよう

回路の作成ができたらRaspberry Pi上でプログラミングを作成し、明るさによってメッセージを表示しましょう。ここでは、Pythonでの作成方法を紹介します。

次のようにテキストエディタでプログラムを作成します。ここでは作成したプログラムを「analogin_cds.py」として保存します。

ADS1015からの値を取得する関数などを利用できるようにします。なお、ADS1015の使い方はp.222のプログラムと同じです。

①「adc.read_adc()」関数で、現在のアナログ入力の値を取得し電圧値に変換します。

②所定の電圧値寄りの高いか、低いかで明るさを判断します。

③電圧が1V以上の場合は明るいと判断し、「Well Lighted」（明るい）と表示します。同時に入力した電圧の値も表示するようにしました。

④1Vより小さい場合は、暗いと判断し「Dark」（暗い）と表示します。

●Pythonで明るさによってメッセージを表示するスクリプト

sotech/7-2/analogin_cds.py

```
#! /usr/bin/env python3

import time, signal, sys
import Adafruit_ADS1x15

GAIN = 1

adc = Adafruit_ADS1015()

while True:
    volts = adc.read_adc(0, gain=GAIN) / 500.0

    if volts > 1:
        print( "Well Lighted : " + str(volts) + "V" )
    else:
        print( "Dark : " + str(volts) + "V" )

    time.sleep(1)
```

①A/Dコンバーターから値を取得し、電圧に変換します

②電圧が1V超の時に次のメッセージを表示します

③明るい場合のメッセージを表示します。同時に電圧も表示します

④暗い場合（電圧が1V未満）のメッセージを表示します。同時に電圧も表示します

スクリプトを実行してみましょう。管理者権限で右のように実行します。

明るさによってメッセージの表示が変わります。明るい場合は手でCdSセルを覆うなどするとメッセージが変化します。

● Pythonで作成したプログラムを実行

```
$ sudo python3 analogin_cds.py [Enter]
```

● スクリプトの実行結果

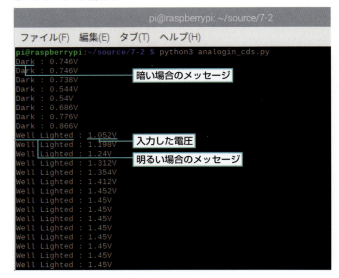

> **NOTE**
>
> **分圧したCdSセルの電圧**
>
> CdSのように内部抵抗が変化する部品の状態をRaspberry Piから確認するには、「分圧回路」と呼ばれる回路を利用して抵抗の変化を電圧の変化に変換します。分圧回路は、CdSなどの内部抵抗が変化する部品に抵抗を直列接続して、両端に電源を接続します。すると、内部抵抗が変化する部品と抵抗の間の電圧が、内部抵抗の変化に従って変化するようになります。
> 次の図のようにCdSに10kΩの抵抗を接続した場合、電圧の変化は次の計算で求められます。この際、CdSの内部抵抗はRxとしておきます（単位はkΩ）。
> アナログ出力される電圧はGNDとCdSセルのGND側、つまり抵抗の両端の電圧となります。この電圧は、オームの法則や電圧、電流の法則を利用して「33/(10+Rx)」と求められます。このRxにCdSセルの抵抗値を代入することで電圧を求めることができます。
>
> まず、暗状態の場合、CdSの抵抗値は約500kΩとなります。前述した式に抵抗値を入れると、「約0.06V」の出力となります。つまり真っ暗な状態ではほとんど出力電圧が無いことになります。
> 次に10ルクスの明るさがある場合、CdSの抵抗値は10k〜20kΩとなります。これを計算式に入れると、出力電圧は「約1.1〜1.6V」となります。つまり、室内程度の明るさならば電源の半分程度の電圧となります。
> 最後に100ルクスの明るさがある場合、CdSの抵抗値は2k〜3kΩとなります。同様に計算すると、「約2.5〜2.8V」となります。つまり、昼間の明るさの状態では、電源に近い電圧が取れることになります。
>
> ● CdSの抵抗変化を電圧の変化にかえる分圧回路
>
>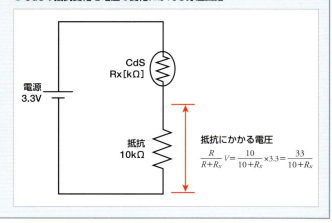

Chapter 7-3 気温・湿度を取得する

温度や湿度、気圧など気象情報を取得するセンサーも販売されていて、Raspberry Piで簡単に利用できます。I²Cに対応したデバイスを利用して、気象情報をRaspberry Piで取得する方法を解説します。

気象情報を取得できるデバイス

電子部品の中には、温度（気温）や湿度、気圧といった気象データを取得できる製品もあります。これらの製品を利用すれば、室温データを取得してユーザーに知らせることができます。また、室温によって空調機の電源を自動的に入れる、などといった応用も考えられます。

温度や湿度を取得できる製品にHoneywell社の「**HIH-6130**」があります。湿度を測定して数値化したデータを、I²Cを介してRaspberry Piで読み取れます。また、温度も同時に測定できます。

HIH-6130は小さな部品なので、そのままではブレッドボード上では扱えません。そこで、SparkFun Electronics社が販売する基板化された商品を使用します。日本ではスイッチサイエンスが「**HIH-6130 デジタル湿度センサー**」を約3,800円程度で販売しています。なお、ピンヘッダが同梱されていないので、別途購入してはんだ付けをする必要があります。ピンヘッダは秋月電子通商などで販売されています（標準ピッチの例：40Pで約35円）。

●I²C対応の湿度センサー「HIH-6130」を搭載したボード

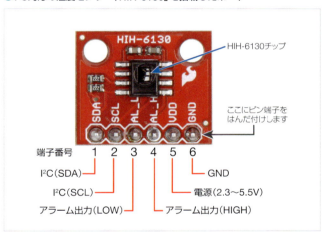

●ピンヘッダをはんだ付けした例

●標準ピッチのピンヘッダ

電子回路を作成する

気温、湿度を取得する電子回路を作成してみましょう。作成に使用する部品は次の通りです。

- HIH-6130 ··· 1個
- ジャンパー線（オス─メス）·········· 4本
- ピンヘッダ（6P以上）····················· 1本

 POINT

本書で紹介する電子部品について
記事執筆時点（2020年1月）、入手可能な製品を紹介していますが、今後販売終了になるなど入手できなくなることがありますので、ご了承ください。

Raspberry Piに接続する端子は、I²Cを利用するのでSDA（端子番号：3番）とSCL（端子番号：5番）を利用します。

● 利用するRaspberry Piの端子

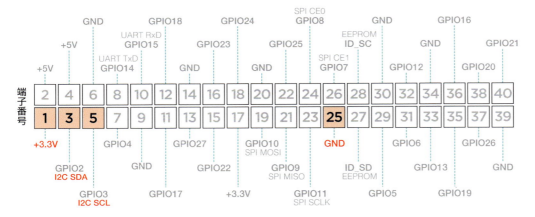

電子回路は右の図のように作成します。HIH-6130の電源とGND、I²CのSDAとSCL端子をRaspberry Piの各端子に接続します。

● HIH-6130をRaspberry Piで利用する回路図

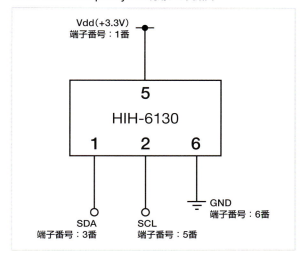

ブレッドボード上に、右のように回路を作成します。

● 気温、湿度を取得する電子回路をブレッドボード上に作成

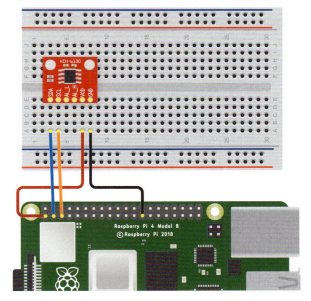

プログラムで気温、湿度を取得

回路の作成ができたらRaspberry Pi上でプログラミングを作成し、気温、湿度を取得し、各値を表示してみましょう。ここでは、Pythonでの作成方法を紹介します。

次ページのようにテキストエディタでプログラムを作成します（ここでは「weather.py」ファイルに作成します）。

①i2c_channelに、I²Cのチャンネル番号を指定します。通常は「1」を指定します。

②チャンネルをsmbusに指定し、i2cとしてインスタンスを作成しておきます。

③「read_i2c_block_data()」関数で、HIH-1630から4バイト分の測定データを取得します。データはdac変数に保存されます。1バイト目は「dac[0]」、2バイト目は「dac[1]」、3バイト目は「dac[2]」、4バイト目は「dac[3]」と指定することで取得できます。

取得した測定データから湿度や温度を計算します。しかし、取得したデータが入らないビットが存在します。④⑥まずそのビットを取り除き、正しい値（湿度はh、温度はt）にします。⑤⑦この値をメーカーが提供するデータシートに書かれた計算式に当てはめると湿度、温度が求められます。

⑧⑨最後に取得した値を表示します。

● Pythonで気温、湿度を表示するスクリプト

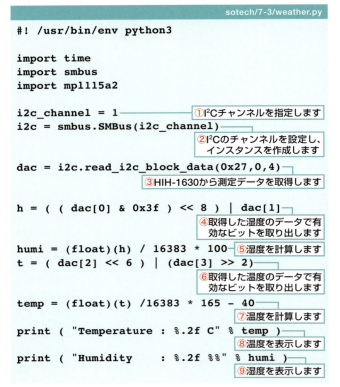

NOTE
温度、湿度の測定データの取得
温度、湿度の測定データで不要なビットを取り除いて正しい値を求める方法はp.231のNOTEで説明します。

実際にスクリプトを実行してみましょう。管理者権限で右のように実行します。

センサーから各種情報を取得して計算して、気温、湿度が表示されます。息をかけたり、部屋を暖めたりすると、表示される値が変化します。

● Pythonで作成したプログラムを実行

● スクリプトの実行結果

NOTE
取得した値には誤差がある
取得した気温、湿度は、実際の値と多少誤差があります。例えば、HIH-6130で取得した気温は±1℃、湿度は±5％の誤差が生じる可能性があります。

温度、湿度の測定データの取得方法

HIH-6130から取得する測定データは1、2バイト目に湿度、3、4バイト目に温度の測定結果が格納されています。しかし、湿度のデータは、1バイト目の7、8桁目のビットが測定の状態を表すステータス情報になっており、測定結果には不要な情報です。同様に温度データの4バイト目は、1、2桁目のビットは利用されていません。
このままの状態でデータを扱うと、ステータス情報や不要なデータ部分も使われてしまい、正しい測定結果を取得できません。また、1、2バイト目、および3、4バイト目は分かれたデータであるため、つないで1つのデータにする必要があります。
不要なビットを取り除き、1つのバイトをつないで測定データとして利用できるようにします。

● 測定データに不要なビットが存在する

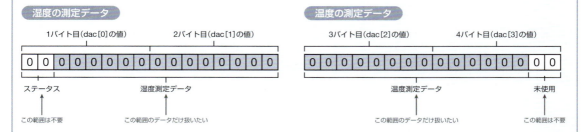

まず、湿度のデータを処理しましょう。

1 初めに1バイト目のデータにあるステータス情報のビットを取り除きます。取り除くには論理演算の「AND」を利用します。利用したい桁のビットには「1」を、取り除きたいビットには「0」を指定した1バイトを作ります。ここでは不要なビット7、8桁目を0にして他を1にした「00111111」を利用します。2進数を16進数に直すと「0x3f」となります。このデータと1バイト目のデータをAND論理演算を行うことで、不要なビットを常に「0」にできます。AND演算はPythonのプログラムでは「&」と記述します。次のように計算式を記述します。

```
dac[0] & 0x3f
```

2 次に、変換した1バイト目のデータを左側に8桁分移動します。この処理を「左シフト」と呼び、Pythonでは「<< 移動ビット数」のように記述します。また、移動して空いた桁には「0」が入ります。Pythonでは次のように記述します。

```
( dac[0] & 0x3f ) << 8
```

3 最後に変換した1バイト目と2バイト目のデータをつなぎ合わせます。つなぎ合わせにはOR論理演算を行います。2バイト目のデータにあたる桁の1バイト目のデータはシフトによってすべて0になっているため、OR演算を行うことで2バイト目のデータがそのまま当てはまります。また、OR演算は「|」と記載します。
よって、Pythonでの計算式は次のようになります。

```
( ( dac[0] & 0x3f ) << 8 ) | dac[1]
```

次ページへ

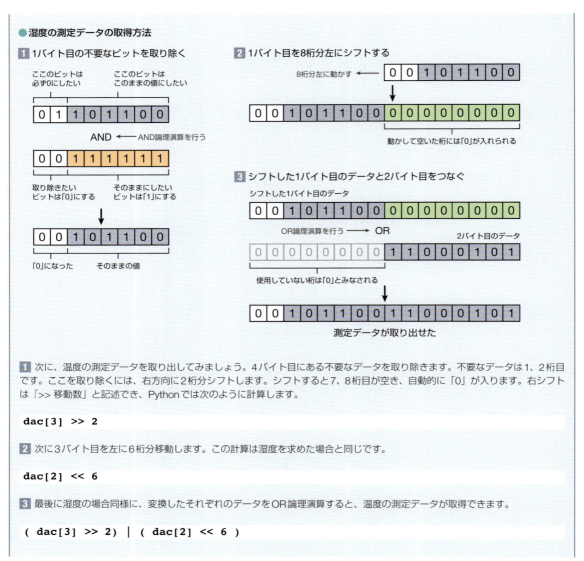

●湿度の測定データの取得方法

1 次に、温度の測定データを取り出してみましょう。4バイト目にある不要なデータを取り除きます。不要なデータは1、2桁目です。ここを取り除くには、右方向に2桁分シフトします。シフトすると7、8桁目が空き、自動的に「0」が入ります。右シフトは「>> 移動数」と記述でき、Pythonでは次のように計算します。

```
dac[3] >> 2
```

2 次に3バイト目を左に6桁分移動します。この計算は湿度を求めた場合と同じです。

```
dac[2] << 6
```

3 最後に湿度の場合同様に、変換したそれぞれのデータをOR論理演算すると、温度の測定データが取得できます。

```
( dac[3] >> 2) | ( dac[2] << 6 )
```

次ページへ

Chapter 7-3 ｜ 気温・湿度を取得する

●温度の測定データの取得方法

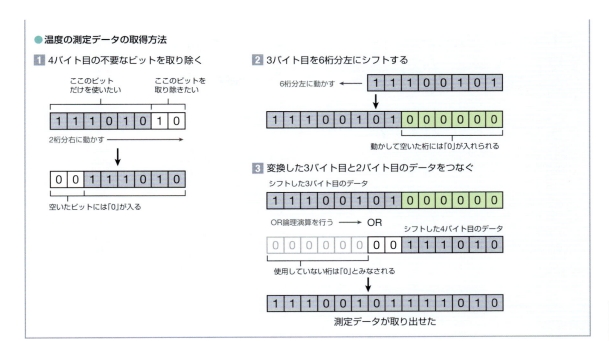

NOTE

AND 論理演算

ANDの論理演算は、2つの値を比べて、どちらも「1」の場合は「1」となります。その他の場合は「0」になります。まとめると下の表のような計算結果となります。

入力1	入力2	出力
0	0	0
0	1	0
1	0	0
1	1	1

NOTE

OR 論理演算

ORの論理演算は、2つの値を比べ、どちらかの値が「1」であれば「1」となります。その他の場合はどちらも「0」の場合のみ「0」になります。まとめると、下の表のような計算結果となります。

入力1	入力2	出力
0	0	0
0	1	1
1	0	1
1	1	1

Chapter 7-4 有機ELキャラクタデバイスに表示する

有機ELキャラクタデバイスを利用すると、有機EL画面上に文字を表示できます。このデバイスを利用すれば、電圧や温度、IPアドレスなどといった、Raspberry Piで処理した情報を表示できます。ここでは、有機ELキャラクタデバイスを利用して、任意のメッセージを表示してみましょう。

文字を出力できる有機ELキャラクタデバイス

I²Cは、A/Dコンバーターや各種センサーなどの素子から取得した情報をRaspberry Piで取得するだけでなく、Raspberry Piから情報をI²Cデバイスに送って、様々な動作をさせることができます。その中で「**有機ELキャラクタデバイス**」は、有機EL（OLED）画面上に文字を表示できるデバイスです。表示させたい文字を送れば、簡単に各種情報を有機EL画面上に表示できます。

有機ELキャラクタデバイスにはいくつかの商品があります。本書ではSunlike Display Tech.社製の「**SO1602AWWB**」を使用して文字を表示してみます。「SO1602AWWB」は秋月電子通商で「有機ＥＬキャラクタディスプレイモジュール　16×2行　白色」として1,500円程度で販売されています。なお、表示色は白色以外に、緑色、黄色が販売されています。どの色を選択しても問題ありません。

●I²C対応の有機ELキャラクタデバイス「SO1602AWWB」

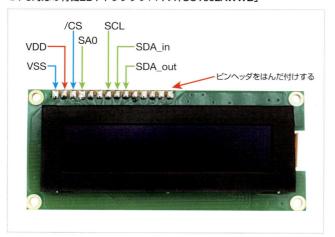

SO1602AWWBは、16桁2行、計32文字を有機EL画面上に、数字やアルファベット、記号、カタカナを表示できます。さらに16文字までのユーザー独自の文字が登録可能となっています。

有機ELは、自発光性のデバイスであるため、バックライトなどを必要とせず暗い場所でも識字が可能です。

Chapter 7-4 　有機ELキャラクタデバイスに表示する

ブレッドボードで使う場合は、あらかじめ端子に付属されているピンヘッダをはんだ付けしておきましょう。
ここでは、Raspberry Piから送った文字を表示させてみましょう。

I²Cのアドレスは「0x3c」または「0x3d」
SO1602AWWBのI²Cアドレスは/CS端子の接続先によって2つのアドレスから選択できます。Vddに接続すると「0x3d」、GNDに接続すると「0x3c」となります。

電子回路を作成する

有機ELキャラクタデバイスに文字を表示する電子回路を作成しましょう。作成に使用する部品は次の通りです。

- 有機ELキャラクタデバイス「SO1602AWWB-UC-WB-U」………1個
- ジャンパー線（オス―メス）………………………………………4本
- ジャンパー線（オス―オス）………………………………………5本

本書で紹介する電子部品について
記事執筆時点（2020年1月）、入手可能な製品を紹介していますが、今後販売終了になるなど入手できなくなることがありますので、ご了承ください。

Raspberry Piに接続する端子は、I²Cを利用するのでSDA（端子番号：3番）とSCL（端子番号：5番）端子を利用します。

●利用するRaspberry Piの端子

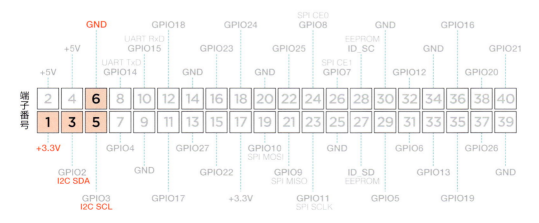

電子回路は右のように作成します。

●有機ELキャラクタデバイスを制御する回路図

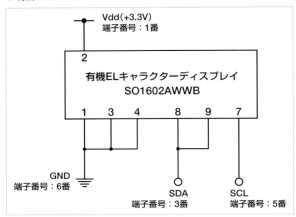

　SO1602AWWBの電源とGND、I²CのSDAとSCL端子をRaspberry Piの各端子に接続します。SDAは送信（SDA_out）と受信（SDA_in）が2つの端子に分かれています。そこで、8番と9番の端子をジャンパー線で接続し、Raspberry PiのSDAに接続されている状態にします。このジャンパー線を忘れると正しく表示できないので注意しましょう。
　これで回路は完成です。
　ブレッドボード上に、右図のように回路を作成します。

●有機ELキャラクタデバイスに文字を表示する電子回路をブレッドボード上に作成

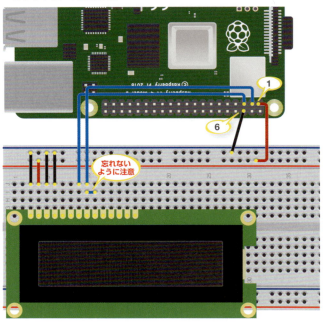

Chapter 7-4 ┃┃ 有機ELキャラクタデバイスに表示する

プログラムで有機ELキャラクタデバイスに文字を表示する

回路の作成ができたらRaspberry Pi上でプログラミングを作成し、有機ELキャラクタデバイスに文字を表示してみましょう。ここでは、Pythonでの作成方法を紹介します。

有機ELキャラクタデバイスに文字を表示する場合、初期化や画面の消去、カーソル位置の設定、文字の配置などさまざまな情報を送る必要があります。そのため、一からプログラムするのは手間がかかります。そこで、本書ではSO1602AWWBを制御する各種関数をライブラリとして用意しました。サポートページからダウンロードして利用できます。

> **📖 NOTE**
>
> **SO1602AWWB 制御プログラムの入手方法**
>
> SO1602AWWBの制御プログラムは、本書サポートページからダウンロードできます。サポートページについてはp.6を参照してください。

プログラムを入手したら、それを用いて有機EL画面上の1行目に「Raspberry Pi」と表示し、2行目に現在の時刻を表示してみましょう。

次のようにテキストエディタでプログラムを作成します。ここでは作成したプログラムを「oled_disp.py」として保存します。

①本書で提供したライブラリ「so1602」をimportで読み込んでおきます。

②有機ELキャラクタデバイスは「oled」としてインスタンスを作成しておきます。ここではI²Cのチャンネル番号、SO1602AWWBのI²Cアドレスを順に指定します。I²Cチャンネル番号は「1」を指定します。今回の接続図では、SO1602AWWBのI²Cアドレスとして「0x3c」を利用しています。

SO1602AWWBでは、文字を表示する場所にカーソルが配置されます。文字を書き込むごとにカーソルが右に移動して次の文字を隣に書き込めます。また、カーソルをユーザーが特定の位置に移動できます。③「move_home()」関数は、カーソルを画面左上に移動する関数です。

● Pythonで有機ELキャラクタデバイスに文字を表示するプログラム

sotech/7-4/oled_disp.py

```
#! /usr/bin/env python3

import smbus,time
from so1602 import so1602

oled = so1602( 1, 0x3c )

oled.move_home()

oled.set_cursol(0)

oled.set_blink(0)

oled.write("Raspberry Pi")

oled.move( 0x00, 0x01 )

oled.write( time.strftime("%H:%M") )
```

①SO1602AWWBを動作させるライブラリを読み込みます

②oledという名称でライブラリを利用できるようにします

③カーソルを左上に移動します

④下線状のカーソルを表示しないようにします

⑤四角の点滅カーソルを表示しないようにします

⑥1行目に「Raspberry Pi」と表示します

⑦カーソルを2行目の行頭に移動します

⑧現在の時刻を取得して表示します

Part 7
I²Cデバイスを動作させる

237

カーソルのある位置には、カーソル場所を表すカーソル記号が表示されます。カーソル記号はアンダーバー（_）で表示されるカーソルと、四角（■）が点滅する点滅カーソルがあります。初期状態ではどちらも表示されるようになっています。今回はカーソル記号を画面から消すことにします。④⑤「set_cursol()」関数でカーソル記号、「set_blink()」関数で点滅カーソルの表示を切り替えられます。表示を消す場合は「0」、表示する場合は「1」を指定します。

⑥実際に文字列を有機EL画面に表示するには、「write()」関数に表示する文字列を指定します。表示可能な文字列は、半角の数字、アルファベット、一部の記号、カタカナのみです。全角文字などを指定すると表示がおかしくなります。

⑦「move()」関数はカーソルを任意の位置に移動します。移動したい桁、行を順に指定します。この際、左上が「0x00桁、0x00行」、右下が「0x0f桁、0x01行」となります。例えば、2行目の行頭であれば、「move(0x00,0x01)」と指定します。

⑧time.strftime()で現在の時間を取得して有機EL画面に表示します。strftime()関数では時間の表記形式を指定します。「%H」は24時間形式での時間、「%M」は分を表します。「%H:%M」と指定すれば、「13:31」のように時間が表示されます。

> **NOTE**
>
> **表示可能な文字**
>
> 実際に表示可能な文字については、付属するデータシート（http://akizukidenshi.com/download/ds/sunlike/SO1602AWWB-UC-WB-U.pdf）を参照してください。また、カタカナと一部の記号についてSO1602で表示可能です。カタカナを表示したい場合は、全角カタカナで指定します。また、「÷」や「Ω」といった半角が無い記号については全角文字で指定します。ただし、指定する場合は文字列の前にUTF-8であることを表す「u」を付加しておきますたとえば「ラズベリーパイ」と表示するには「oled.write(u'ラズベリーパイ')」と記述します。
> さらに、プログラム上で全角文字を利用するにはプログラムの文字コードを指定しておく必要があります（p.154参照）。

スクリプトを実行してみましょう。管理者権限で右のように実行します。

● Pythonで作成したプログラムを実行

```
$ sudo python3 oled_disp.py [Enter]
```

有機EL画面上に文字が表示されます。

● 有機ELキャラクタデバイスに文字が表示できた

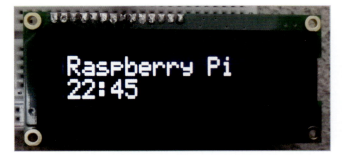

Part 8

Raspberry Piの応用

Raspberry Piを使って、パソコンで使うサービスと
電子工作をつなぎ合わせた応用的な利用をしてみま
しょう。
ここでは応用例として、メールの着信を液晶デバイス
に表示させる方法、明るさセンサーを使ったアラーム
作成、写真を自動撮影してブラウザで閲覧できるよう
にする方法を解説します。

Chapter 8-1 着信メールを有機EL画面で通知する
Chapter 8-2 明るくなったら音楽を再生して通知する
Chapter 8-3 人が近づくと自動的に
写真をWebサーバーで公開する

Chapter 8-1 着信メールを有機EL画面で通知する

有機ELキャラクタデバイスを使って、Raspberry Piで新着メールが届いていることを通知してみましょう。ここでは、Gmailに届いた着信メールを例に作成してみます。

メールサーバーから受けた未読メール数を使って有機EL画面に表示する

　Raspberry Piは、パソコンで利用するアプリやサービスと電子回路を組み合わせて、様々な用途に応用できます。例えば、インターネットから取得した情報を基にLEDや有機ELデバイスで通知したり、センサーから取得した情報をブログやSNSに自動投稿したり、といったことが可能です。ここでは、これまで説明したRaspberry Piの利用方法を応用してみましょう。

　Chapter 7-4（p.234）で説明した有機ELキャラクタデバイスを使って、インターネットから取得した情報を表示してみます。ここでは、受信ボックスにあるメールの未読数を確認し、届いている場合は有機EL画面に未読メール数を表示してみます。

　今回は対象のメールサービスとして **Gmail** を利用します。Gmailのアカウントを持っていない場合は、あらかじめ取得しておきましょう。

NOTE
Google アカウントの作成

Gmailアカウントを持っていない場合は、Googleアカウントを作成することで取得可能です。GoogleアカウントはGoogleのWebページ（http://www.google.com/）にアクセスし、右上の「ログイン」→「アカウントを作成」の順にクリックすることでアカウント作成画面が表示されます。あとは、手順に従って入力すれば登録が完了します。

POINT
Gmail以外でも動作可能

IMAPに対応しているメールサーバーであれば、サーバーやユーザー名、パスワードを適切に設定することで、同様に未読メールをキャラクタ有機EL画面に表示できます。ただし、暗号化された認証や暗号化通信のIMAPSを使っている場合は対応できません。

●メールサーバーに問い合わせて有機EL画面でユーザーに知らせる

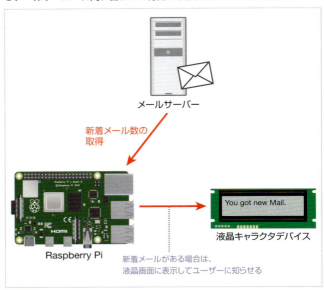

Chapter 8-1 ❙❙❙ 着信メールを有機EL画面で通知する

> **NOTE**
>
> **Gmailにアクセスできない場合（セキュリティ設定）**
>
> プログラムを実行してエラーメッセージが表示される場合は、安全性の低いアプリでもGmailにアクセスできるよう設定を変更します。WebブラウザでGoogle（http://www.google.com/）にアクセスしてログインします。右上のアイコンをクリックして「Googleアカウントの管理」➡「セキュリティ」の順にクリックし、「安全性の低いアプリのアクセス」の下にある「アクセスを有効にする（非推奨）」をクリックします。スライドスイッチを切り替えて有効にします。これで、Gmailにアクセスして、着信したメールの数を確認できます。なお、Googleがセキュリティ方針を変更した場合、今後はこの方法でも正しく動作しなくなる可能性があります。随時サポートページ（p.6）で補足情報を公開していきますので参照してください。

電子回路を作成する

今回はp.234で説明した有機ELキャラクタデバイス「**SO1602AWWB**」を使用します。使用する電子部品も、p.236に示した回路をそのまま利用します（追加で必要な部品はありません）。回路図やブレッドボードの配置図を参照して作成しておきましょう。

プログラムで新着メールを有機EL画面で知らせる

Pythonを使って新着メールを知らせるプログラムを作成してみましょう。ここではSO1602AWWBを使用するため、本書で用意したSO1602AWWB制御用プログラムをサポートページ（p.6参照）から入手しておきます。ダウンロードしたファイル（so1602.py）は、次に作成するプログラムと同じフォルダに保存します。

プログラムは次のように作成します。ここでは作成したプログラムを「biff.py」として保存します。

今回はIMAPサーバーにアクセスします。①IMAPサーバーを操作する「imaplib」ライブラリをインポートしておきます。

メールサーバーにアクセスするための各種設定しておきます。②「SERVER_NAME」にはアクセスするIMAPサーバーのアドレスを指定します。③④「USERNAME」と「PASSWORD」には、IMAPサーバーにアクセスするためのユーザー名とパスワードを指定します。Gmailの場合はユーザー名を「fukuda@gmail.com」のようにドメイン名（@以下）を含めるようにします。

⑤IMAPサーバーにアクセスするため、mailとしてインスタンスを作

● 新着メールを確認して液晶キャラクタデバイスで知らせるプログラム

sotech/8-1/biff.py

```python
#! /usr/bin/env python3

import smbus, time
import imaplib              ①IMAPサーバーを操作するライブ
                             ラリを読み込みます

from acm1602 import acm1602

SERVER_NAME = "imap.gmail.com"      ②接続先のメールサー
                                     バー名を指定します

USERNAME = "ユーザー名"               ③ユーザー名を指定します
PASSWORD = "パスワード"               ④パスワードを指定します

mail = imaplib.IMAP4_SSL(SERVER_NAME)
                       ⑤メールサーバーのオブジェクトを作成します

mail.login(USERNAME, PASSWORD)      ⑥メールサーバーに
                                     ログインします

mail.list()              ⑦メール一覧を取得します

mail.select("Inbox")     ⑧受信ボックスに移動します
```

次ページへ

成します。⑥「login()」関数では
IMAPサーバーにログインします。
⑦⑧次に「list()」関数でメール一覧を
取得し、「select()」関数で受信ボック
ス（Inbox）に移動しておきます。

⑨「status()」関数で受信ボックス
にある未読メールの情報を取得しま
す。この際、st変数には正常に情報
を取得したかを取得しておきます。

⑩取得情報を基に処理します。情
報を正常に取得できた（値がOK）か
をst変数を閲覧して確認します。

⑪⑫⑬⑭正常に取得できていれ
ば、有機ELキャラクタデバイスを初
期化します。

⑮取得情報から未読メールの数を
取り出し、mcount変数に入れておき
ます。

⑯mcountが0超であれば未読メ
ールが存在します。⑰⑱⑲⑳この場
合は、有機ELキャラクタデバイスの
1行目に「You got」、2行目に未読メ
ール数を表示します。

㉑㉒mcountが0の場合は、未読
メールは存在しません。「No new
mail.」と有機ELキャラクタデバイ
スに表示します。

㉓㉔最後はメールサーバーからロ
グアウトします。

正常に動作するか確認してみまし
ょう。右のように実行します。新着
メールの数を確認し、有機EL画面に
メッセージを表示します。

```
( st, mlist ) = mail.status('Inbox', "(UNSEEN)")
```
⑨ 未読メールの情報を取得します
⑩ 正常にメール情報を取得できた
かを確認します

```
if ( st == "OK" ):

    lcd = acm1602(1,0x50,4)
```
⑪ LCDの初期設定を行います。I²Cのチャンネル、ACM1602NIのI²C
アドレス、バックライトを接続したGPIOの番号を指定します

```
    lcd.move_home()
```
⑫ カーソルの位置を左上に移動します

```
    lcd.set_cursol(0)
```
⑬ カーソルを非表示に切り替えます

```
    lcd.set_blink(0)
```
⑭ 点滅カーソルを非表示に
切り替えます

```
    demlist = mlist[0].decode()
    mcount = int( demlist.split()[2].strip(').,]')
)
```
⑮ 未読メールの数を取得します

```
    if ( mcount > 0 ):
```
⑯ 未読メールが存在するかを
確認します

```
        lcd.backlight(1)
```
⑰ バックライトを点灯します

```
        lcd.write("You got")
```
⑱ 液晶画面の1行目に
文字列を表示します

```
        lcd.move(0x00,0x01)
```
⑲ カーソルを2行目の
行頭に移動します

```
        lcd.write("    " + str(mcount) + " Mail.")
```
⑳ 未読メールの数を液晶画面に
表示します

```
    else:
        lcd.backlight(0)
```
㉑ バックライトを消灯します

```
        lcd.write("No new mail.")
```
㉒ 未読メールが存在しないメッセージを液晶画面に表示します

```
else:
```
メール情報が取得できない場合はエラーメッセージを表示します

```
    print ( "Can't get Mail status." )
mail.close()
```
㉓ メールを閉じます

```
mail.logout()
```
㉔ メールサーバーからログアウトします

● Pythonでプログラムを実行

```
$ sudo python3 biff.py [Enter]
```

● 新着メールがある場合の表示結果　　● 新着メールがない場合の表示結果

You got
6 Mail.

着信メールの数を知らせます

No new mail.

着信メール無しのメッ
セージを表示します

定期的に着信メールを確認する

今回作成したプログラムは、実行するとメールの着信情報を表示してからプログラムを終了します。しかし、メールの着信確認は一定時間ごとに実施しなければ実用的ではありません。

そこで、Linuxの定期実行機能である「**cron**」を利用します。cronを用いれば、設定した時間や特定の間隔で指定しておいたプログラムを実行できます。

cronは「**crontab**」コマンドで編集できます。crontabコマンドでは、「-e」オプションで編集を表します。「EDITOR」で編集に使用するテキストエディタを指定します。コマンドライン上で利用できるnanoを使う場合は「/usr/bin/nano」、デスクトップ上で利用するLeafpadを使う場合は「/usr/bin/leafpad」と指定します。

テキストエディタにnanoを用いて、crontabコマンドを実行するには、管理者権限（sudo）で次のように実行します。

エディタが起動したら次のように記述します。

● nanoを使ってcrontabを編集する

```
$ sudo EDITOR=/usr/bin/nano crontab -e  Enter
```

● 定期的にbiff.pyを実行する設定

```
*/5  *  *  *  *    /usr/bin/python /home/pi/biff.py
 分  時 日 月 曜日      実行するコマンド
```

「/」の後の数字は時間の間隔を指定します。この場合は5分間隔となります

「*」は毎分を表します

実施する曜日を指定する場合は次の表の通り数字を指定します

表記	意味
0または7	日曜日
1	月曜日
2	火曜日
3	水曜日
4	木曜日
5	金曜日
6	土曜日

各項目の間はスペースで区切ります。初めの5つの項目が実施するタイミングを表します。例えば、4月1日10時35分に実行するには「35 10 1 4 *」と表します。「*」は毎分、毎時、毎日、毎月を表します。例えば、「0 12 * * *」と指定すれば、毎日12時に実行を行うようになります。「*」の後に「/」と数字を指定すると、指定した数字の間隔で実行するようになります。例えば、「*/5 * * * *」と指定すれば、毎分5分間隔で実行するようになります。

時間指定の後に、実行するプログラムのファイルをフルパスで指定します。

編集した内容を保存すると、指定した時間に「biff.py」が実行され、新着メールの情報を液晶キャラクタデバイスに表示されるようになります。

POINT

エディタを指定せずに実行した場合

「EDITOR」でテキストエディタを指定しない場合は、「vi」というテキストエディタが利用されます。エディタを指定し忘れて実行した場合は Esc 、Z 、Z 、の順に入力するとviエディタを終了できます。

Keyword

フルパス

フルパスについてはp.76を参照してください。

Part 8　Raspberry Piの応用

Chapter 8-2　明るくなったら音楽を再生して通知する

明るさセンサーを使用したRaspberry Piの応用をしてみましょう。ここでは、周囲が明るくなったらmp3ファイルの音楽を流し、ユーザーに知らせる仕組みを作ってみます。

明るさセンサーで音楽の再生を制御する

　Chapter 7-2（p.217）で説明した**A/Dコンバーター**と明るさセンサーである**CdSセル**を応用したプログラムを作成してみましょう。今回は、暗い状態から明るくなった場合に音楽を再生するプログラムを作ってみます。いわば、朝になると目覚ましの音楽を鳴らすといった用途に利用できます。

　今回は回路にスイッチを付けておき、センサーによる音楽再生を有効にしたり、音楽再生中に途中で停止するといった操作ができるようにします。

　周囲が明るくなったり暗くなったりを繰り返した場合、何度も再生するのを防ぐために、ここでは1回再生した場合には、次に明るさを検知しても再生しないようにします。また、スイッチをOFFにすることでリセットして、再度センサーによる音楽再生をするようにします。

●明るくなったら音楽を流す

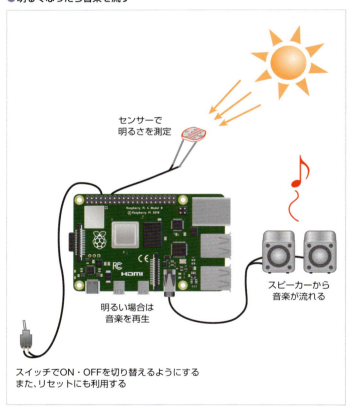

» スピーカーが別途必要

　Raspberry Pi本体にはスピーカーはありません。別途スピーカーを用意してRaspberry Piに接続しておきます。スピーカーは、端子がφ（ファイ）3.5mm（直径3.5mm）の「ステレオプラグ」の製品を用意します。小型

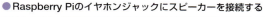

スピーカーの多くはこの端子の形状です。
　スピーカーを用意したら、Raspberry Piのイヤホンジャックにスピーカーを差し込みます。左上にある黒または青い端子がイヤホンジャックです。これで音楽が再生できます。

● Raspberry Piのイヤホンジャックにスピーカーを接続する

この端子に
スピーカーを接続します

> **POINT**
>
> **再生した音量が小さい場合**
>
> 音楽を再生した際の音量が小さい場合は、アクティブスピーカーを利用するとよいでしょう。アクティブスピーカーとは、スピーカーに別途給電ができるようになっており、Raspberry Piから受けた信号を増幅してスピーカーに出力します。また、多くのアクティブスピーカーでは音量の調節ができるようになっています。

> **NOTE**
>
> **Raspberry Pi Zero / Zero W の場合**
>
> Raspberry Pi Zero / Zero Wにはイヤホンジャックがありません。そのため、音声出力はHDMIを介してテレビなどからします。出力先は、Raspberry Piが自動的に認識しますが、明示的に出力先を切り替えるにはp.250のNOTE「音声の出力先を指定するには」を参照してください。

電子回路を作成する

　p.217で説明したA/Dコンバーターを使用して、明るさセンサーの測定結果を取得する回路を利用します。今回は、スイッチを回路に追加してリセットできるようにします。
　ここでは、次の部品を使用します。

- ADS1015 ………………………… 1個
- CdSセル（GL5528）…………… 1個
- 抵抗（10kΩ）…………………… 1個
- トグルスイッチ（3P）…………… 1個
- ジャンパー線（オス―メス）…… 4本
- ジャンパー線（オス―オス）…… 3本

● 3つの端子を搭載する「3Pトグルスイッチ」

端子が3つ付いている
スイッチを選択します

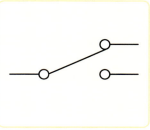

スイッチ（3端子）の回路記号

　スイッチは基板用の商品を選択すると、ブレッドボードに直接差し込んで利用できます。さらに、スイッチに端子が3つ付いている商品を選択しましょう。

POINT

本書で紹介する電子部品について
記事執筆時点（2020年1月）、入手可能な製品を紹介していますが、今後販売終了になるなど入手できなくなることがありますので、ご了承ください。

　Raspberry Piに接続する端子は、I²Cを利用するのでSDA（端子番号：3番）とSCL（端子番号：5番）端子を使用します。

● 利用するRaspberry Piの端子

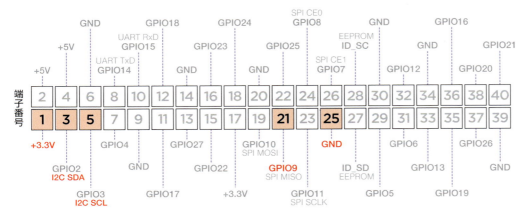

　電子回路は次のように作成します。今回利用するスイッチは3端子搭載されており、2つの状態を切り替えることが可能です。中央の端子をGPIO 9（端子番号：21番）に接続し、両端の端子の一方をVdd、他方をGNDに接続しておきます。こうすれば、端子が解放された状態にならず必ずVddまたはGNDに接続されているため、状態が不安定になりません。よってプルアップやプルダウンする必要がありません。

● 明るさセンサーとスイッチを利用する回路図

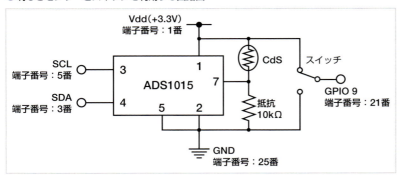

NOTE

2端子搭載するスイッチを利用する場合
スイッチによっては2端子のみ搭載する商品もあります。このような商品を利用する場合は、p.191の押しボタンスイッチ同様にRaspberry Piに内蔵するプルアップ、プルダウンを有効にしまた、プルアップやプルダウン用抵抗を接続しても同様に動作します。

Chapter 8-2 ┃┃ 明るくなったら音楽を再生して通知する

　ブレッドボード上には右の図のように電子
回路を作成します。

● 明るさセンサーとスイッチを利用する電子回路をブレッドボード上に作成

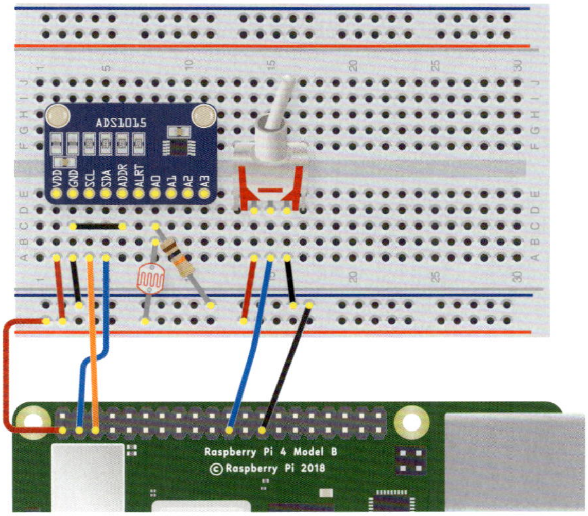

明るさセンサーで音楽を流すプログラムを作成

　Pythonを使って、明るさセンサーで音楽を流すプログラムを作成してみましょう。ここでは、プログラムのファイル名は「cds_alarm.py」とします。

　Chapter 7-2で使ったAdafruit社の**ADS1015**を使用するので、p.218を参照してあらかじめ**ライブラリ**をインストールしておきます。さらに、再生に使用するmp3ファイルをプログラムと同じフォルダ内に保存しておきましょう。

　プログラムは次のように作成します。

● Pythonで明るさによって音楽を流すプログラム

sotech/8-2/cds_alarm.py

```
import time, signal, sys
import RPi.GPIO as GPIO
import Adafruit_ADS1x15

import pygame.mixer                          ①音楽を再生するライブラリをインポートします

alarm_on_volt = 2.0                          ②音楽を流し始めるCdSの電圧を指定します

alarm_music = "music.mp3"                    ③流す音楽のファイル名を指定します

play_time = 120                              ④停止操作されない場合に最長再生時間（秒）を指定します

play_volume = 100                            ⑤音量を0～100の間で指定します
switch_pin = 9                               ⑥スイッチの入力に利用するGPIO番号を指定します
```

次ページへ

247

Part 8 ▌▌ Raspberry Piの応用

```python
GAIN = 1
adc = Adafruit_ADS1x15.ADS1015()

reset_flag = 1

GPIO.setmode(GPIO.BCM)
GPIO.setup(switch_pin, GPIO.IN)

pygame.mixer.init()

pygame.mixer.music.load(alarm_music)


pygame.mixer.music.set_volume(play_volume/100)

while True:
    if GPIO.input(switch_pin) == GPIO.HIGH :


        volts = adc.read_adc(0, gain=GAIN ) / 500.0
        if ( volts > alarm_on_volt ) and ( reset_flag == 1 ):

            reset_flag = 0



            pygame.mixer.music.play(-1)


            st = time.time()


            while st + play_time > time.time():


                if GPIO.input(switch_pin) == GPIO.LOW :

                    break
                time.sleep(0.2)

        else:
            pygame.mixer.music.stop()
    else:

        reset_flag = 1

    time.sleep(0.1)
```

⑦ 再生を行ったか判断に利用する変数（リセットフラグ）

⑧ 音楽再生についての初期化を行います

⑨ 再生する音楽ファイルを読み込みます

⑩ 音量を指定します

⑪ スイッチがONの場合に実行します

⑫ 明るくなり、リセットフラグが1の場合に実行します

⑬ リセットフラグを0にして、再度明るくなった場合に再生しないようにします

⑭ 曲の再生を開始します

⑮ 曲の再生を開始した時間を取得します

⑯ 最長再生時間を超えていない場合は繰り返します

⑰ スイッチがOFFにされたら繰り返し処理を中止します

⑱ 音楽が再生されている場合は停止します

⑲ スイッチがOFFの場合は実行します

⑳ リセットします

248

Chapter 8-2 ||| 明るくなったら音楽を再生して通知する

①音楽を再生するライブラリの「pygame.mixer」を読み込んでおきます。Raspberry Piにはこのライブラリが標準でインストールされているため、インストールは必要ありません。

各種設定をします。②音楽を流し始める電圧を「alarm_on_volt」変数に設定します。もし、どの程度にするか分からない場合は、p.225のCdSでの明るさの検知プログラムで表示される値を確認して決めましょう。

③「alarm_music」変数には再生する音楽ファイルのファイル名を指定します。

④「play_time」変数は、音楽の停止操作がされない場合に、自動的に再生を終了する時間を秒単位で指定します。

⑤「play_volume」は再生の音量を指定します。0 ～ 100の間で指定します。

⑥スイッチを接続したGPIO番号を「switch_pin」に指定します。今回はGPIO 9に接続したので「9」を指定しています。

ADS1015の設定をしたらプログラム本体になります。⑦再生をした状態であるかの判断に利用する「reset_flag」変数を指定します。ここでは「1」の場合は未再生状態、「0」の場合は再生済みの状態を表すようにします。

GPIOの設定に続き、音楽再生に関わる初期の処理をします。⑧⑨⑩ここでは、「pygame.mixer.init()」で初期化、「pygame.mixer.music.load()」で再生する音楽ファイルの読み込み、「pygame.mixer.music.set_volume()」で音量を調節しています。

⑪スイッチの状態を確認し、ONの状態の場合は音楽を再生するかの判断する処理に入ります。⑲⑳OFFの状態はリセットされたと判断し「reset_flag」を「1」にしておきます。

⑫ADS1015からCdSの測定値を取得し、「alarm_on_volt」変数より大きい（明るい）かを判断します。また、reset_flag変数から未再生状態であるかを確認します。

⑭明るく未再生の状態の場合は、「pygame.mixer.music.play()」で音楽の再生をします。⑬「resrt_flag」を「0」にして再生済みとしておきます。

⑮再生は特定の時間で停止させるため、時間を計測します。⑯「st」変数に再生を開始した時間を格納しておき、0.2秒ごとに再生時間を確認します。具体的には「st」と「play_time」を足した値と現在の時間を比べて現在の時間が大きくなるまで繰り返し処理します。⑰繰り返し処理中にスイッチが切られたら、繰り返し処理を中断するようにします。

⑱明るさとreset_flagの判別で条件にそぐわない場合は、音楽の再生を停止するようにします。つまり、再生を停止する時間に達したり、途中でスイッチがOFFにされると、繰り返し処理が中断されます。さらに次の判断で「reset_flag」が「0」となっているため、音楽の再生が停止されます。

Part
8

Raspberry Piの応用

249

プログラムが出来上がったら、正常に動作するかを確認してみましょう。スイッチをOFFの状態にして、右のように実行します。

● Pythonでプログラムを実行
```
$ sudo python3 cds_alarm.py [Enter]
```

まず、部屋を暗くしたり、CdSを手で隠したりして、センサーが「暗い」と判断する状況にします。次に、スイッチをONに切り替えます。しかし、センサーが暗いと判断しているため音楽は流れません。ここで、部屋を明るくしたり、センサーから手を離したりすると、明るさを検知して音楽の再生が開始されます。

音楽は指定した時間を経過すると、自動的に停止します。この後、再び暗くした後に明るい状態になっても再生されません。再度センサーで音楽を再生する場合は、一度スイッチをOFFにし、再度ONにします。

● 明るさセンサーで音楽を流すシステム

> **NOTE**
>
> **音声の出力先を指定するには**
> Raspberry Piでは、本体のイヤホンジャックや、HDMIを介してテレビ・ディスプレイから音声出力できます。Raspberry Piが自動的接続機器を認識して、どちらに出力するかを選択しています。
> もし、明示的に出力先を切り替えるには、「amixer」コマンドで指定します。HDMIに出力するには「amixer cset numid=3 2 [Enter]」、イヤホンジャックに出力するには「amixer cset numid=3 1 [Enter]」と入力します。

Chapter 8-3 人が近づくと自動的に写真をWebサーバーで公開する

赤外線人体検知センサーとカメラモジュールを利用して、近くに人やペットが近づいたときに写真を撮影します。また、撮影した写真をWebサーバーで公開し、外出先から閲覧できるようにしましょう。さらに、AI技術を活用して、センサーなしでカメラだけで動いている人を認識して撮影することもできます。

人や動物を検知して写真を撮影する

　カメラを利用した応用方法を解説します。ここでは、センサーで近くに人や動物のような動くものを赤外線で検知した際に、自動的に写真を撮影するシステムを作成します。さらに、撮影した写真はRaspberry Piで稼働させたWebサーバーで公開し、外部からでも閲覧できるようにしてみましょう。

　このシステムを利用すれば、外出時にペットや子供がどんな状態であるかを確認できるほか、セキュリティシステムとしても役立ちます。

●人やペットを検知したら写真を撮影してWebサーバーで公開する

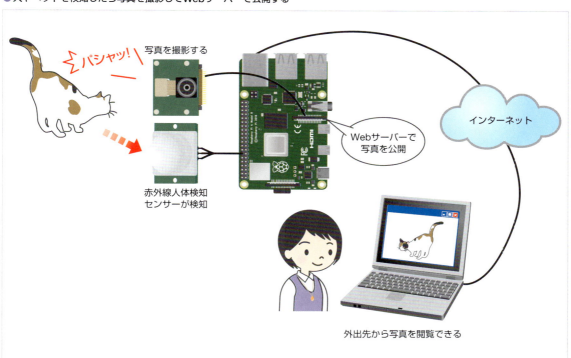

赤外線センサーで人や動物を検知

周囲に人や動物などが存在するかを確認するセンサーとして、SainSmart社が販売する赤外線人体検知センサー「**焦電型赤外線センサー**」が使用できます。焦電型赤外線センサーは、人や動物から発せられる赤外線（熱）を検知します。また、動きのある熱源のみに反応して、照明器具のような静止した熱源は無視するようになっています。日本では秋月電子通商から「**焦電型赤外線センサーモジュール**」として400円程度で販売されています。

赤外線を検知した場合は入力している電源電圧を、何も検知していない場合は0Vを出力します。検出範囲は最大7mとなります。

●赤外線人体検知センサー「焦電型赤外線センサー」

Raspberry Pi用のカメラモジュール

写真を撮影するカメラを用意します。Raspberry Piには、ラズベリーパイ財団が開発したRaspberry Pi専用の**カメラモジュール**（**Raspberry Pi Camera Board**）が販売されています。このカメラモジュールを使用すれば、用意された専用コマンドを用いて写真や動画を撮影できます。Raspberry Pi本体にあるカメラシリアルインタフェースに接続するだけで利用可能です。

カメラモジュールは、4種類販売されています（2020年1月時点）。「**Raspberry Pi Camera Module**」は500万画素のカメラが搭載されており、最大2592×1944ピクセルの写真や、フルHD（1920×1080）の動画の撮影が可能です。2016年4月に販売を開始した「Raspberry Pi Camera Module v2」は、808万画素のカメラが搭載されており、最大3280×2464ピクセルの写真や、フルHD（1920×1080）の動画の撮影が可能です。

これに加え赤外線カメラの「**Raspberry Pi PiNori Camera Module**」「Raspberry Pi PiNori Camera Module v2」が販売されています。

どのカメラでも同様な操作で撮影が可能となっています。

専用カメラモジュールは、Raspberry Piにフィルムケーブルという薄くて平たいケーブルで接続するようになっています。

Raspberry Pi Zeroで使う場合は専用の変換ケーブルを購入し、カメラモジュールに標準で搭載されているケーブルと交換して接続します。

●Raspberry Pi用カメラモジュール

» カメラモジュールの準備

　Raspberry Piでカメラモジュールを利用できるようにしましょう。

　カメラモジュールをRaspberry Piに接続します。Raspberry PiのネットワークポートとHDMI端子の間にある「カメラシリアルインタフェース（CSI）」端子に接続します。

　接続は次のようにします。

　❶CSI端子の両端にある突起を上に持ち上げます。すると、カメラモジュールのフィルムケーブルを差し込めるようになります。

　❷フィルムケーブルの端子側をHDMI端子側に向けて斜めにならないよう奥まで差し込みます。

　❸CSI端子の持ち上げた部分を押し込んで元に戻します。これで接続完了です。

❶端子の両端を上に引き上げます

❸端子の両端を押し戻します

❷フィルムケーブルを奥まで差し込みます

● Raspberry Pi Zero / Zero Wにカメラモジュールを接続した様子

次にRaspberry Piでカメラモジュールを使用できるよう設定を変更します。

Raspberry Piのファームウェアをアップデートします。端末アプリを起動して右のように実行します。アップデート中は電源を切らないよう注意しましょう。

アップデートが完了したら、Raspberry Piを再起動します。

●ファームウェアのアップデート
```
$ sudo rpi-update Enter
```

再起動したらRaspberry Piの設定を変更して、カメラモジュールを使えるようにします。デスクトップ左上の🍓アイコンから「設定」→「Raspberry Piの設定」を選択します。「インタフェース」タブの「カメラ」を有効にします。「OK」をクリックすると再起動するかを尋ねられるので、「はい」をクリックして再起動します。これでカメラモジュールが有効化されます。

●カメラモジュールの有効化

》**写真を撮影してみる**

カメラモジュールが準備できたら、実際に撮影できるかを確かめてみましょう。写真撮影には「**raspistill**」コマンドを利用します。コマンドの後に「-o ファイル名」と指定することで撮影した写真を指定したファイルに保存します。

例えば「photo.jpg」ファイルに写真を保存するには、右のようにコマンドを実行します。

撮影した写真を確認するには、画像ビューア「gpicview」を利用します。右のように、閲覧したいファイル名を指定してコマンドを実行します。gpicviewはグラフィカル環境（デスクトップ）で使う必要があります。

●raspistillコマンドで画像を保存
```
$ raspistill -o photo.jpg Enter
```

●gpicviewで画像を表示する
```
$ gpicview photo.jpg Enter
```

gpicviewで写真を表示しました。

●撮影した写真の閲覧

NOTE

メニューから起動する

gpicviewはデスクトップ環境のメニューからも起動可能です。デスクトップ画面の左上にあるメニューをクリックしてから「アクセサリ」→「イメージビューワ」を選択すると起動します。画像ファイルを開くには、画面右下のアイコンをクリックしてファイルを選択します。

NOTE

Pythonでカメラモジュールを利用する

Pythonでカメラモジュールを利用するには、「python3-picamera」パッケージを使います。Raspbianでは標準でインストールされているので、そのままで利用可能です。もし、インストールされていない場合は、以下のように実行してインストールしておきます。

```
$ sudo apt install python3-picamera Enter
```

電子回路を作成する

　赤外線人体検知センサーをRaspberry Piに接続して、人を検知できるようにしましょう。今回使用する「焦電型赤外線センサー」は、何も検知していない場合には「0V」を、検知した場合は「3V」を出力するようになっているため、プルアップやプルダウンの処理をせずに直接接続して問題ありません。

　プルアップやプルダウンの必要がないので、ブレッドボードを使用せずにRaspberry Piと焦電型赤外線センサーを直接つないでもかまいませんが、Raspberry PiのGPIO端子と、焦電型赤外線センサーの端子は共にオス型のピンであるため、直接接続するには、メス―メス型のジャンパー線を使う必要があります。もし、オス―メス型のジャンパー線しか持っていない場合は、ブレッドボードを介して接続すると良いでしょう。

　ここで使用する部品は次の通りです。

- Raspberry Pi用カメラモジュール
- 焦電型赤外線センサーモジュール
- ジャンパー線（メス―メス）……3本（オス―メス型を利用する場合は6本）

Part 8 ▍Raspberry Piの応用

POINT

本書で紹介する電子部品について
記事執筆時点（2020年1月）、入手可能な製品を紹介していますが、今後廃番になるなど入手できなくなることがありますので、ご了承ください。

　Raspberry Piに接続する端子は、デジタル入力する場合と同様にGPIO端子に接続します。ここでは、GPIO 9（端子番号：21番）を利用します。

●利用するRaspberry Piの端子

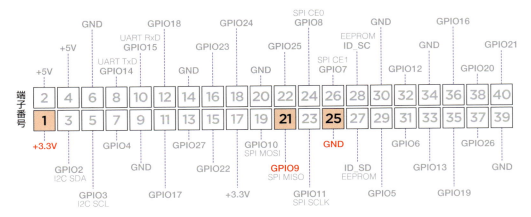

　接続は、Raspberry Piの+3.3V電源とGNDをPIRセンサーのそれぞれの端子に、GPIO 9を焦電型赤外線センサーの出力端子に接続します。

●Raspberry Piと焦電型赤外線センサーの接続。メス─メス型を用いた場合

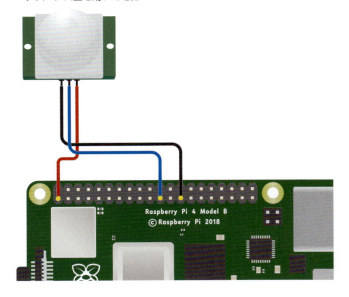

Chapter 8-3　人が近づくと自動的に写真をWebサーバーで公開する

　ブレッドボードを用いる場合も同様に接続します。

●Raspberry Piと焦電型赤外線センサーの接続。オス―メス型にブレッドボードを用いた場合

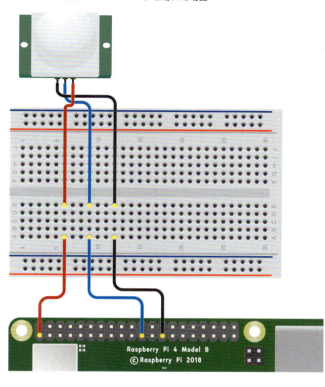

人を検知したら写真を保存するプログラムの作成

　Pythonを使って、焦電型赤外線センサーで人や動物を検知したら写真を撮影するプログラムを作成してみましょう。ここではプログラムを「camera.py」として保存することにします。

①初めにカメラモジュールのライブラリ「picamera」をimportで読み込みます。次に、撮影に関する各設定をします。②③「PICTURE_WIDTH」と「PICTURE_HEIGHT」では、撮影の解像度を指定します（解像度はカメラモジュールによって異なります）。解像度が大きいほど画像ファイルサイズも大きくなります。2592×1994ピクセルで約3.5Mバイト、800×600にすると約400Kバイト程度です。容量が小さいSDカードに写真を保存する

●センサーで検知したら撮影をするプログラム

sotech/8-3/camera.py

```
#! /usr/bin/env python3

import picamera ── ①カメラモジュールを操作するライブラリを読み込みます

import time
import RPi.GPIO as GPIO

PICTURE_WIDTH = 800 ── ②保存する写真解像度の横ピクセル数

PICTURE_HEIGHT = 600 ── ③保存する写真解像度の縦ピクセル数
                        ④保存先のフォルダ
SAVEDIR = "/var/www/html/camera/pictures/"
```

次ページへ

257

場合は、画像サイズに注意しましょう。

④「SAVEDIR」では写真を保存するフォルダを指定します。ここでは、Webサイトで公開できる「/var/www/html/camera/pictures/」フォルダを指定しています。この際、フォルダの最後に「/」を必ず記述します。

⑤「INTAVAL」は1枚の写真を撮影した後、次の写真の撮影が可能になるまでの時間（単位は秒）です。待機時間をもうけないと、人がセンサーの前に居続けた場合に連続的に写真が撮られ、保存領域の無駄となってしまいます。

⑥「SLEEPTIME」は、センサーを検知する間隔（単位は秒）です。値を大きくすれば、Raspberry Piの処理が軽減されます。逆に間隔が大きすぎると、待機時間中にセンサーが人を検知しても撮影されません。そのため、数秒程度にとどめておくと良いでしょう。

⑦「SENSOR_PIN」は、焦電型赤外線センサーを接続したGPIO番号を指定します。今回はGPIO9を利用するので「9」と指定します。

⑧⑨GPIOとカメラの初期設定をします。⑩また、撮影後の待機するため、「st」

```python
INTAVAL = 600           # ⑤次に写真を撮影するまでの最小間隔（秒）

SLEEPTIME = 5           # ⑥センサーをチェックする間隔（秒）


SENSOR_PIN = 9          # ⑦焦電型赤外線センサーを繋いだGPIO番号

GPIO.cleanup()

GPIO.setmode(GPIO.BCM)
GPIO.setup(SENSOR_PIN, GPIO.IN)
cam = picamera.PiCamera()   # ⑧カメラの初期設定を行います

cam.resolution = (PICTURE_WIDTH,PICTURE_HEIGHT)
                        # ⑨撮影解像度を設定します

st = time.time() - INTAVAL
                        # ⑩現在の時刻からINTAVALを引いた時間を保存します
while True:
    if ( GPIO.input(SENSOR_PIN) == GPIO.HIGH )
and (st + INTAVAL < time.time() ):
                        # ⑪焦電型赤外線センサーが人を検知し、インターバ
                        #   ルの時間を経過していたら次の処理を行います
        st = time.time()      # ⑫現在の時間に更新します

        filename = time.
strftime("%Y%m%d%H%M%S") + ".jpg"
                        # ⑬写真を保存するファイル名を作成します
        save_file = SAVEDIR + filename]
                        # ⑭保存ファイル名にフォルダを付加します

        cam.capture(save_file)    # ⑮写真を撮影します

    time.sleep(SLEEPTIME)
```

変数に現在の時刻を格納しておきます。ただし、起動後すぐに撮影されるようにするため、「INTAVAL」分だけ引いておきます。

⑪「if」で焦電型赤外線センサーが検知しているかを確認します。また、撮影待機時間を経過しているかの確認も同時にします。時間経過の判断は、現在の時間と、撮影後に保存しておいた時間（st）にINTAVALの値を足した値を比べて現在の時間が大きくなった場合に、待機時間を経過したと判断します。

⑫センサーが反応したら実際に撮影します。初めに「st」を現在の時間に更新しておきます。⑬次に撮影した写真を保存するファイル名を作成します。ここでは撮影した時間をファイル名とします。例えば、2020年1月13日12時26分16秒ならば「20200113122616.jpg」となります。⑭また、保存先のフォルダをファイル名に付加しておきます。

⑮最後に「cam.capture()」で写真を撮影してファイルに保存します。

Chapter 8-3　人が近づくと自動的に写真をWebサーバーで公開する

> **NOTE**
>
> **写真によってファイルサイズは異なる**
> 撮影した写真によってファイルサイズは異なります。例えば、カラフルな写真は比較的大きく、一面同じような色の場合は小さくなる傾向にあります。

写真を保存するフォルダを作成します。今回は外出先から写真を閲覧できるようにするため、Webサーバーで公開されるフォルダ以下に保存するようにします。ここでは「/var/www/html/camera/pictures/」フォルダに保存するようにします。

次の通りコマンドを実行し、保存用のフォルダを作成します。

```
$ sudo mkdir -p /var/www/html/camera/pictures Enter
```

フォルダを作成したら、作成したcamera.pyプログラムを右のようにコマンドで実行します。

●camera.pyプログラムの実行

```
$ sudo python3 camera.py Enter
```

焦電型赤外線センサーに近づくと、カメラで写真を撮影し、ファイルに保存されます。撮影したファイルを閲覧するには、/var/www/html/camera/pictures/フォルダ内に保存された画像ファイルをgpicviewで閲覧します。例えば「20200113122616.jpg」として保存されたならば次のように実行して閲覧します。

```
$ gpicview /var/www/html/camera/pictures/20200113122616.jpg Enter
```

> **NOTE**
>
> **写真のファイル名を調べる**
> 保存された写真のファイル名を調べるには「ls」コマンドを利用します。次のようにコマンドを実行すると、保存された画像ファイルが一覧表示されます。
>
> ```
> $ ls /var/www/html/camera/pictures/ Enter
> ```

> **NOTE**
>
> **Raspberry Pi 起動時にプログラムを自動実行する**
> Raspberry Piでは、起動後に所定のプログラムを自動実行できます。この機能を利用すれば、ディスプレイやキーボードなどを接続しなくても、Raspberry Piに電源を接続するだけで自動的にプログラムが動作し、電子回路等を制御できます。p.261を参照してください。

外出先から撮影された写真を確認する

写真を撮影できるようにしたら、写真を外出先から閲覧できるようにしましょう。ここでは、Raspberry Pi上に設置したWebサーバーにアクセスして閲覧できるようにします。

あらかじめWebサーバーの設定、稼働が必要です。Webサーバーの設置はChapter 4-2（p.118）を参照してください。さらに、ここではPHPを使って閲覧用のWebページを動的に作成します。そのため、p.121を参照してPHPの準備もします。

Part 8　Raspberry Piの応用

259

Part 8 ||| Raspberry Piの応用

» 公開用ページを用意する

撮影した写真を外部のマシンからブラウザで閲覧できるようにします。今回のように複数のファイルが保存され、ファイル名が不特定の場合は、静的なWebページだけで写真の閲覧ページを作れません。そこで、保存されているファイルを調べ、ファイルを表示する動的なページを作成します。

動的なページの作成には **PHP** を利用します。本書のサポートページ（p.6参照）からサンプルプログラムをダウンロードし、「index.php」ファイルをWeb公開用のフォルダ（ここでは /var/www/html/camera）にコピーします。ダウンロードしたindex.phpがあるフォルダ上で、次のようにコマンドを実行します。

```
$ sudo cp index.php /var/www/html/camera  Enter
$ sudo chmod 644 /var/www/html/camera/index.php  Enter
```

準備ができたら、Webブラウザで閲覧用のWebページにアクセスしてみましょう。Raspberry Piに設定したIPアドレスに「/camera/index.php」を付加すれば画像にアクセスできます。例えばIPアドレスを「192.168.1.200」と設定している場合は「http://192.168.1.200/camera/index.php」にアクセスします。

ファイルへのリンクが一覧表示されます。この中で閲覧したい写真のリンクをクリックすると写真が表示されます。

● Webブラウザで撮影した写真を閲覧する

写真が表示されます

POINT

外部からのアクセス

外部からアクセスするには、ブロードバンドルータにポートフォワーディングの設定をほどこして、Raspberry Piに外部からアクセスできるようにする必要があります。詳しくはp.125を参照してください。

> **NOTE**
>
> **プログラムを自動的に実行する**
>
> 今回のように、カメラで撮影するシステムを作成した場合、ディスプレイやキーボードをRaspberry Piに接続したままでは邪魔です。できれば、これらの周辺機器を外して単体で動作させたいものです。
> この場合には、Raspberry Piの起動時にプログラムを自動起動するように設定しておけば、キーボードやディスプレイを接続せずに、Raspberry Piに電源を接続するだけでプログラムが起動できます。
> 自動実行は、「/etc/rc.local」ファイルに自動実行したいプログラムを指定します。次のようにコマンドを実行して、テキストエディタで編集して設定します。
>
> ```
> $ sudo mousepad /etc/rc.local [Enter]
> ```
>
> 実行するプログラムは、ファイルの末尾にある「exit 0」の前に記述します。実行に使用するプログラム（本書で紹介した例ではpython）、作成したプログラムファイルをそれぞれフルパスで指定し、必ず末尾に「&」を付加しておきます。
> カメラ撮影するプログラムを実行する場合は右のように記述します。
> 編集内容を保存してから、Raspberry Piを再起動すると、自動的にプログラムが起動します。
>
> ●プログラムを自動実行する設定
>
>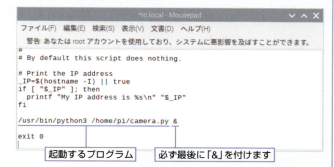

AI技術を活用して、センサーなしでカメラだけで人などを検知して撮影する

　AIによる**画像処理**技術が向上し、カメラに写った画像を**自動判別**する仕組みが利用され始めています。通りがかった人の顔を検知して笑っていたらカメラで撮影したり、指定した人物を探し出したり、レジで商品を撮影すると自動判別して価格を計算したり、といった様々な処理がAIによって可能です。

　Raspberry Piでも、カメラで撮影した画像を自動判別させることが可能です。画像認識ライブラリー「**OpenCV**」など、様々な画像認識に関するライブラリやモジュール、サービスが提供されており、Raspberry Piに導入したり外部に用意されたサービスにデータを送信することで画像内に写っているものを判断できます。

　ここでは、カメラで撮影した画像で動く物体が写ったときに、写真を撮影する仕組みを作ってみましょう。この仕組みを実現できれば、先に解説したセンサーなしでも来訪者を撮影することが可能になります。

» 動く物体を検知できる「Motion」

　カメラの画像から動いているものを判断するのには「**Motion**」が利用できます。Motionは常にカメラで撮影しており、一部に画像の変化があると物体が動いていると判断できます。判断した画像や動画をファイルとして保存できるようになっています。この機能を利用すると、玄関の外にカメラを設置しておき、来訪者がきた場合に写真を撮影して後で確認することが可能です。

Part 8 ■■■ Raspberry Piの応用

> **NOTE**
>
> **Motionは深層学習AIではない**
> 現在、一般的に「AI」と呼ばれているのは、**深層学習（ディープラーニング）**型AIです。深層学習とは、コンピュータがデータから学習（学習モデル作成）をして、その結果から判断する方式です。例えば、多量の人の顔の写真を準備して学習モデルを作成することで、性別やおおよその年齢を判断することが可能になります。
> Motionは学習をせずに画像の変化を認識しているため、深層学習型AIとは異なります。学習作業の手間が省けますが、人のみを判断するといったことはできません。より高度なAIによる判断を行う場合は**OpenCV**などを利用する必要があります。

　Motionは「動き」を判断するため、車や列車のような赤外線を発しない物体も撮影対象になります。人や動物だけを撮影対象とする場合は、先に解説した焦電赤外線センサーを利用する方が向いています。
　本書では、カメラで常時所定の場所を監視し、動く物体の写真を撮影して保存するようにします。また、写真は先に解説したWebサーバーで公開できる場所に保管し、外出先から確認できるようにします。

●動く物体を検知したら写真を撮影してWebサーバーで公開する

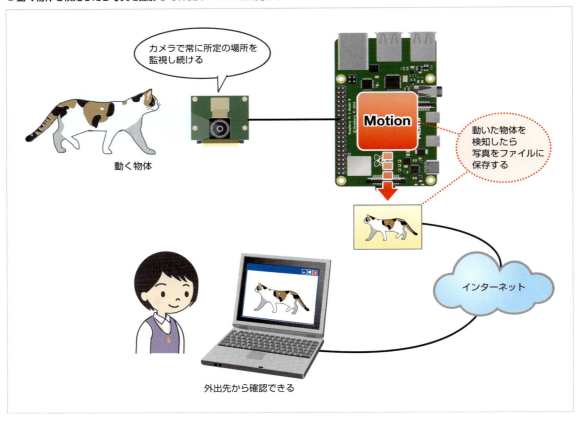

» Motionの導入

　Motionを導入して動いている物体を撮影できるようにしましょう。なお、Motionを利用するには、あらかじめカメラをRaspberry Piに接続しておく必要があります。p.253の手順に従ってカメラを接続し、Raspberry Piの設定ツールでカメラの機能を有効に切り替えておきます。

　今回は撮影したファイルをWebブラウザで閲覧できるようにするため、Chapter 4-2（p.118）を参照してWebサーバーを利用できるようにします。その後、p.259を参照して保存先のフォルダの作成、公開用のフォルダの設定、公開用のプログラムの配置をしておきます。

1 Motionを導入するには、端末アプリで右のように実行します。

```
$ sudo apt install motion Enter
```

2 Motionがカメラモジュールを利用できるよう設定を変更します。右のように実行して設定ファイル「/etc/modules」を編集します。

●GUIテキストエディタの場合
```
$ sudo mousepad /etc/modules Enter
```

●CUIテキストエディタの場合
```
$ sudo nano /etc/modules Enter
```

3 ファイルの末尾に「bcm2835-v4l2」と追記します。編集内容を保存してテキストエディタを終了します。

4 設定が完了したら一度Raspberry Piを再起動して設定を有効にします。

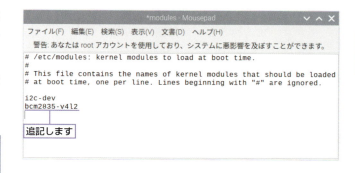

> **NOTE**
> **Raspberry Piを再起動する**
> Raspberry Piの再起動の方法については、p.60を参照ください。

5 Motioの設定を変更します。右のように実行して設定ファイル「/etc/motion/motion.conf」を編集します。

●GUIテキストエディタの場合
```
$ sudo mousepad /etc/motion/motion.conf Enter
```

●CUIテキストエディタの場合
```
$ sudo nano /etc/motion/motion.conf Enter
```

6 Motionを常駐するようにします。11行目付近の「daemon」を「on」にします。

7 保存する画像ファイルの大きさを指定します。画像の横の画素数を79行目付近にある「width」に、縦の画素数を82行目付近にある「height」に設定します。また、86行目付近の「framerate」に、カメラに写る画像を更新する頻度を設定します。10と設定すると1秒間に10回更新されます。

8 動く物体を検知してから次に検知を有効にする間隔を、233行目付近の「event_gap」に秒単位で設定します。検知する間隔を長くしておくことで同じ来訪者などを何度も撮影してしまうのを防げます。ここでは60秒に設定しておきます。

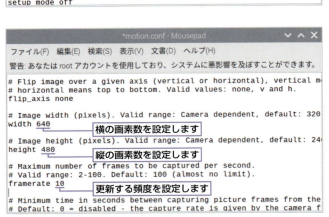

Chapter 8-3 ▌▎▎ 人が近づくと自動的に写真をWebサーバーで公開する

9 写真をファイルとして保存するよう、253行目付近の「output_pictures」を「first」に変更します。

```
motion.conf - Mousepad                          ∨ ∧ ✕
ファイル(F)  編集(E)  検索(S)  表示(V)  文書(D)  ヘルプ(H)
警告: あなたは root アカウントを使用しており、システムに悪影響を及ぼすことができます。

# Picture with most motion of an event is saved when set to 'best'.
# Picture with motion nearest center of picture is saved when set t
# Can be used as preview shot for the corresponding movie.
output_pictures first
                         ┌─────────┐
                         │ 変更します │
# Output pictures with only └─────────┘ oving object (ghost images)
output_debug_pictures off

# The quality (in percent) to be used by the jpeg and webp compress
quality 75

# Type of output images
# Valid values: jpeg, ppm or webp (default: jpeg)
picture_type jpeg

###############################################################
```

10 動画をファイルとして保存しないよう、268行目付近の「ffmpeg_output_movies」を「off」に変更します。

```
*motion.conf - Mousepad                          ∨ ∧ ✕
ファイル(F)  編集(E)  検索(S)  表示(V)  文書(D)  ヘルプ(H)
警告: あなたは root アカウントを使用しており、システムに悪影響を及ぼすことができます。
# valid values: jpeg, ppm or webp (default: jpeg)
picture_type jpeg

###############################################################

# Use ffmpeg to encode videos of motion (default: off)
ffmpeg_output_movies off
                         ┌─────────┐
                         │ 変更します │
# Use ffmpeg to make videos └─────────┘ ng the moving pixels (ghost images
ffmpeg_output_debug_movies off

# Bitrate to be used by the ffmpeg encoder (default: 400000)
# This option is ignored if ffmpeg_variable_bitrate is not 0 (disab
ffmpeg_bps 400000

# Enables and defines variable bitrate for the ffmpeg encoder.
# ffmpeg bps is ignored if variable bitrate is enabled.
```

11 撮影した画像ファイルを保存する場所を指定します。今回はp.259で利用したフォルダに保存します。404行目付近にある「target_dir」にフォルダを指定します。

```
*motion.conf - Mousepad                          ∨ ∧ ✕
ファイル(F)  編集(E)  検索(S)  表示(V)  文書(D)  ヘルプ(H)
警告: あなたは root アカウントを使用しており、システムに悪影響を及ぼすことができます。

# Target base directory for pictures and films
# Recommended to use absolute path. (Default: current working direc
target_dir /var/www/html/camera/pictures
                                           ┌─────────┐
                                           │ 変更します │
# File path for snapshots (jpeg, ppm └─────────┘ relative to target_di
# Default: %v-%Y%m%d%H%M%S-snapshot
# Default value is equivalent to legacy oldlayout option
# For Motion 3.0 compatible mode choose: %Y/%m/%d/%H/%M/%S-snapshot
# File extension .jpg, .ppm or .webp is automatically added so do n
# Note: A symbolic link called lastsnap.jpg created in the target_d
# point to the latest snapshot, unless snapshot_filename is exactly
snapshot_filename %v-%Y%m%d%H%M%S-snapshot

# File path for motion triggered images (jpeg, ppm or .webp) relati
# Default: %v-%Y%m%d%H%M%S-%q
```

Part **8**

Raspberry Pi の応用

265

12 ファイル名の形式を、422行目付近の「picture_filename」に設定します。「年月日時分秒.jpg」のような形式にする場合は、「%Y%m%d%H%M%S」と指定します。

13 これで設定ファイルの編集は完了です。編集内容を保存してテキストエディタを終了します。

14 Motionを自動的に起動するよう設定します。設定ファイル「/etc/default/motion」をテキストエディタで開きます。

● GUIテキストエディタの場合
```
$ sudo mousepad /etc/default/motion Enter
```

● CUIテキストエディタの場合
```
$ sudo nano /etc/default/motion Enter
```

15 「start_motion_daemon」項目を「yes」に変更します。編集内容を保存してテキストエディタを終了します。

16 Motionが利用するフォルダを作製し、アクセス権限を変更します。

```
$ sudo mkdir /var/run/motion /var/log/motion Enter
$ sudo chown -R motion:motion /var/run/motion /var/log/motion Enter
```

17 ファイルを保存するフォルダのアクセス権限を変更します。

```
$ sudo chmod a+w /var/www/html/camera/pictures Enter
```

18 これで準備が整いました。右のように実行してMotionを起動します。また、自動起動も有効化しておきます。

```
$ sudo systemctl start motion Enter
$ sudo systemctl enable motion Enter
```

　これで、カメラの前に人などが映ると、写真が保存されます。保存された写真はp.260同様にWebブラウザから閲覧が可能です。

Appendix

Appendix-1　Linux コマンドリファレンス
Appendix-2　電子部品購入可能店情報
Appendix-3　本書で扱った部品・製品一覧

Appendix

Appendix-1　Linuxコマンドリファレンス

Appendixでは、Raspberry Piを利用する上で役に立つ情報を付録として紹介します。まず最初は、代表的なLinuxコマンドと利用方法を解説します。Linux上でのコマンドの使い方についてはp.67を参照してください。

コマンド **>**

概要 出力先を切り替える

構文 コマンド > 出力先

解説 コマンドの実行結果の出力先を切り替える。通常は標準出力（画面）になっている。出力先にファイル名を指定すると、コマンドの実行結果はそのファイルに書き込まれる。また、「2>」とすることでコマンドが出力したエラーメッセージの出力先も切り替えられる。

コマンド **>>**

概要 出力をファイルに追加する

構文 コマンド >> ファイル

解説 コマンドの実行結果を指定したファイルの末尾に追加する。また、「2>>」とすることで、コマンドが出力したエラーメッセージをファイルに追加書き込みできる。

コマンド **<**

概要 入力元を切り替える

構文 コマンド < 入力元

解説 コマンドに引き渡す入力元を切り替えられる。通常は標準入力（キーボード）になっている。入力元にファイルを指定すると、ファイル内容がコマンドに引き渡される。

コマンド **<<**

概要 文字列を入力する

構文 コマンド << 入力の終端

解説 コマンドに文字列を引き渡す場合に利用する。指定した入力の終端が表れるまで入力を行える。複数行を入力したい場合に用いられる。

コマンド **|**

概要 実行結果を次のコマンドに引き渡す

構文 コマンド1 | コマンド2

解説 コマンド1で実行して出力された結果（標準出力）を、コマンド2に引き渡して（標準入力）実行する。

コマンド **&**

概要 バックグラウンドで実行する

構文 コマンド &

解説 指定したコマンドをバックグラウンドで実行する。実行すると、コマンドのジョブ番号が表示された後にプロンプトが表示され、次のコマンドを実行できるようになる。

268

Appendix-1 ‖ Linuxコマンドリファレンス

コマンド	cat

概要 ファイルの内容を表示する

構文 cat [オプション] [ファイル]

オプション

-b	空白行以外の行の行頭に行番号を付加する
-n	すべての行の行頭に行番号を付加する
-s	連続した空行を1行にまとめる
-v	タブを「~」に置き換える。また、表示できない文字を「M-数字」で置き換える
-E	各行の行末に「$」を付加する
-T	タブを「^I」に置き換える

解説 指定したファイルの内容を表示する。また、複数のファイルを指定することで、続けてファイルを表示できる。この機能と出力のリダイレクト（>や>>）を併用することで、複数のファイルを1つのファイルにつなげることもできる。

コマンド	cd

概要 フォルダを移動する

構文 cd [フォルダ]

解説 指定したフォルダに移動する。フォルダの指定には絶対パスと相対パスのいずれかで指定する。また、何もフォルダを指定しないと、ユーザーのホームフォルダに移動する。

コマンド	chgrp

概要 ファイルやフォルダのグループを変更する

構文 chgrp [オプション] グループ名 ファイル・フォルダ

オプション

-c	グループを変更した際にその動作を表示する
--dereference	シンボリックリンク先のグループを変更する
-h	シンボリックリンク自身のグループを変更する
-f	エラーメッセージを表示しない
-R	再帰的にグループを変更する

解説 ファイルやフォルダに設定されたグループを変更する。変更には管理者権限または、そのオーナーでかつ主グループであるユーザーのみが変更できる。

コマンド	chmod

概要 ファイルやフォルダのパーミッション（アクセス権限）を変更する

構文 chmod [オプション] 変更するモード ファイル・フォルダ

オプション

-c	パーミッションが変更されたファイルのみ詳細に表示する
-f	所有者を変更できなかった場合に、エラーメッセージを表示しない
-v	パーミッションの変更を詳細に表示する
-R	フォルダとその中身のパーミッションを再帰的に変更する

解説 ファイルやフォルダのパーミッション（アクセス権限）を変更する。変更するモードは記号を利用した指定方法と8進数を利用した指定方法がある。8進数を利用する場合は3桁で指定する。

●記号を利用したモードの指定

u	オーナー
g	グループ
o	その他のユーザー
a	すべて（オーナー、グループ、その他のユーザー）
+	権限を付加する
-	権限を取り除く
=	指定した権限にする
r	読み込み権限
w	書き込み権限

Appendix

269

Appendix

x		実行権限
s		セットID
t		スティッキービット

● 8進数を利用したモードの指定

0		---
1		--x
2		-w-
3		-wx
4		r--
5		r-x
6		rw-
7		rwx

コマンド	**chown**
概 要	ファイルやフォルダのオーナーを変更する
構 文	chown [オプション] オーナー名 [.グループ名] ファイル・フォルダ

オプション	-c	変更した際にその動作を表示する
	--dereference	シンボリックリンク先のオーナーを変更する
	-h	シンボリックリンク自身のオーナーを変更する
	-f	エラーメッセージを表示しない
	-R	再帰的にオーナーを変更する

| 解 説 | ファイルやフォルダに設定されているオーナー（所有者）を変更する。オーナーの変更には管理者権限が必要となる。また、グループも同時に変更できる。 |

コマンド	**cp**
概 要	ファイルやフォルダをコピーする
構 文	cp [オプション] 元ファイル・フォルダ コピー先ファイル・フォルダ

オプション	-a	できる限り属性やフォルダ構造を保持してコピーする
	-b	上書きや削除されるファイルについて、バックアップファイルを作成する
	-d	シンボリックリンクをコピーするときは、シンボリックリンク先の実体をコピーする
	-f	コピー先に同名ファイルがあるときも警告せず、上書きを行う
	-i	上書きされるファイルがあるときは問い合わせする
	-p	オーナー、グループ、パーミッション、タイムスタンプを保持したままコピーする
	-r	フォルダを再帰的にコピーする
	-s	フォルダ以外のファイルをコピーする際、シンボリックリンクを作成する
	-u	同名のファイルが存在する場合、タイムスタンプを比較して同じまたは新しいときにはコピーを行わない
	-v	コピーの前に、ファイル名を表示する

| 解 説 | ファイルをコピーする。また、「-r」オプションを使うことで、フォルダ自体もコピーできる。 |

コマンド	**echo**
概 要	文字列を表示する
構 文	echo [オプション] [文字列]

オプション	-n	最後に改行をしない
	-e	エスケープシーケンスを有効にする
	-E	エスケープシーケンスを無効にする

| 解 説 | 指定した文字列を標準出力に表示する。また「-e」オプションを指定すると、エスケープシーケンスが有効になる。 |

Appendix-1 ▮▮ Linuxコマンドリファレンス

コマンド	**find**
概 要	ファイルやフォルダを探す
構 文	find [オプション] [検索対象のフォルダ] [判別式] [アクション]

オプション		
	-depth	フォルダ本体の前に、フォルダの内容を先に評価する
	-follow	シンボリックリンクの参照先を検索する
	-xdev	他のファイルシステムにあるフォルダは探索しない

解 説 ファイルシステムから判別式にマッチするファイルやフォルダを探す。また、マッチしたファイルに対して削除やコマンド実行を行うアクションが利用できる。findで利用できる主な判別式および主なアクションは以下の通り。

● 主な判別式

-amin 分	最後にアクセスされたのが指定分前のファイルを検索する
-atime 日	最後にアクセスされたのが指定日前のファイルを検索する
-empty	空のファイルや中身のないフォルダを検索する
-group グループ名	指定したグループ名のファイルを検索する（ID番号も指定可）
-mmin 分	指定分前にデータが最後に修正されたファイルを検索する
-mtime 日	指定日前にデータが最後に修正されたファイルを検索する
-name パターン	ファイルやフォルダの名前から検索する。ワイルドカードを用いることができる
-regrex パターン	ファイルやフォルダの名前について正規表現を使って検索する
-perm モード	指定したモード（パーミッション）のファイルを検索する。モードには8進数を用いることができる
-type タイプ	指定したファイルタイプを検索する。dはフォルダを、fが通常ファイルを、lがシンボリックリンクを表す
-user オーナー名	指定したオーナーのファイルを検索する（IDの数値も指定可能）
-size 容量[bckw]	指定した容量のファイルを検索する。容量の後にcを付加すると単位がバイトに、kを付加するとKバイトになる。何もつけないとブロック（通常は1ブロック=512バイト）になる

● 主なアクション

-exec コマンド\;	検索後、指定したコマンドを実行する。このとき{}をコマンドで用いることにより、検索結果をコマンドに引き渡す
-ok コマンド\;	-execと同様、検索後に指定したコマンドを実行する。ただし、ユーザーに問い合わせる
-print	検索結果を標準出力する。このとき結果をフルパスで表示する
-fprint ファイル	検索結果をファイルに書き出す。同名のファイルがある場合は上書きをする
-ls	結果をファイル詳細つきで表示する。"ls-dils"と同様な形式を指定する

コマンド	**grep**
概 要	ファイルから文字列を探し出す
構 文	grep [オプション] 検索パターン[ファイル...]

オプション		
	-G	正規表現を使用して検索を行う
	-E	拡張正規表現を使用して検索を行う
	-F	固定文字列で検索を行う
	- 行数	マッチした行の指定した前後の行を同時に検索結果として表示する
	-A行数	マッチした行の指定した後の行を同時に検索結果として表示する
	-B行数	マッチした行の指定した前の行を同時に検索結果として表示する
	-n	各行の先頭に行番号を付加する
	-c	検索条件にマッチした行数を表示する。-cvとするとマッチしなかった行数を表示する
	-e検索パターン	指定した検索パターンを検索する
	-f検索パターンファイル	検索パターンに指定したファイルを利用する
	-h	検索結果の先頭にファイル名を同時に表示しない
	-i	検索条件に大文字と小文字の区別をなくす

Appendix

-l		検索条件にマッチしたファイル名のみを表示する。 -lvとするとマッチしなかったファイル名を表示する
-q		検索結果を表示しない
-s		エラーメッセージを表示しない
-v		マッチしない行を検索結果として表示する
-x		行全体を検索対象にする

解説 指定したファイルから検索パターンにマッチする行を探し出して表示する。検索パターンには文字列のほか、「-E」オプションをつけることで正規表現を使える。

コマンド `groupadd`

概要 グループを新規作成する

構文 groupadd [オプション] グループ名

オプション -gグループID　　指定したグループIDを使う

解説 グループを新しく作成する。「-g」オプションでグループIDを指定できる。グループに所属するユーザーを設定するには、usermodコマンドを利用する。

コマンド `groupdel`

概要 グループを削除する

構文 groupdel グループ名

解説 登録されているグループを削除する。グループを削除すると、グループ内にいたユーザーとの関連性はなくなる。

コマンド `groups`

概要 ユーザーが所属するグループを一覧表示する

構文 groups [ユーザー名]

解説 何も指定しないで実行すると、現在のユーザーが所属するグループを一覧表示する。主グループが始めに表示され、2つ目以降は副グループとなる。また、ユーザー名を指定すると、指定したユーザーが所属するグループを一覧表示できる。

コマンド `history`

概要 コマンドの履歴を表示する

構文 history [オプション]

オプション

数値	最新の指定した数値分の履歴を一覧表示する
-c	履歴リストを削除する
-d数値	指定した数値にある履歴を削除する
-a履歴ファイル	指定したファイルの履歴を追加する
-n履歴ファイル	指定したファイルから読み込んでいない履歴を読み込む
-r履歴ファイル	指定したファイルの内容を履歴として利用する
-w履歴ファイル	現在の履歴を指定したファイルに上書きする

解説 コマンド実行した履歴を一覧表示する。履歴のそれぞれに履歴番号がついている。また、履歴ファイルに保存された情報を読み込み、利用することもできる。

コマンド `kill`

概要 プロセスにシグナルを送る

構文 kill [オプション] [シグナル] [プロセス番号]

オプション

-l	利用できるシグナルを一覧表示する
-sシグナル	指定したシグナルをプロセスに送る

解説 指定したプロセスにシグナルを送る。これにより、プロセスの一時停止（19）や終了（15）、強制終了（9）などが行え

Appendix-1 ▌▌ Linuxコマンドリファレンス

る。また、指定する番号を「%ジョブ番号」とすることで、シェル上で実行中のジョブを操作できる。また、主に以下のようなシグナルが利用できる。

1	HUP	端末との接続が切断によってプロセスが終了
2	INT	キーボードからの割り込みによってプロセスが終了
3	QUIT	キーボードからのプロセスの中止
4	ILL	不正な命令によってプロセスが終了
5	TRAP	トレース、ブレークポイント・トラップによってプロセスが終了
6	ABRT	abort 関数によるプロセスの中断
8	FPE	浮動小数点例外によってプロセスが終了
9	KILL	プロセスの強制終了
11	SEGV	不正なメモリー参照によってプロセスが終了
13	PIPE	パイプ破壊によってプロセスが終了
14	ALRM	alerm関数によるプロセスの終了
15	TERM	プロセスの終了
19	STOP	プロセスを一時停止する

コマンド `ln`

概要 リンクを作成する

構文 ln [オプション] [リンク元ファイル・フォルダ] [リンク先]

オプション

-b	指定したリンクファイルが存在する場合には、ファイルのバックアップを作成する
-d	フォルダのハードリンクを作成する。管理者権限が必要
-f	リンク先に同名のリンクファイルがあるときも警告なく上書きする
-i	上書きされるリンクファイルがあるときは確認の問い合わせを行う
-n	リンク作成の際にリンク元に既存フォルダを指定した場合でも、フォルダ中にリンクを作成せず、フォルダとリンクを置き換える
-s	シンボリックリンクを作成する

解説 リンクを作成する。リンクにはiノード番号を利用するハードリンクと、リンク先をパスとして保持しているシンボリックリンクがある。ハードリンクはリンクとして意識することなく通常のファイルとして利用できるが、作成するには制限がある。逆にシンボリックリンクは作成には制限はないものの、リンク元を削除してしまうと、リンクが無効になってしまう。シンボリックリンクの作成には「-s」オプションをつける。

コマンド `ls`

概要 ファイルやフォルダを一覧表示する

構文 ls [オプション] [ファイル・フォルダ]

オプション

-a	ドットファイルを含むすべてのファイルを表示する
-h	容量を適当な単位で表示する
-k	容量をキロバイト単位で表示する
-l	ファイルの詳細情報を表示する
-n	ユーザー名、グループ名をユーザー ID、グループIDで表示する
-o	ファイルタイプによって色づけする
-p	フォルダにはフォルダ名の最後に「/」をつける
-r	逆順に並び替える
-s	ファイル名の前に容量をキロバイト単位で表示する
-t	タイムスタンプ順に並び替える
-A	「.」と「..」を表示しない
-B	ファイル名の最後にチルダ（~）記号がついているファイルを表示しない
-F	ファイルタイプを表す記号を表示する。「/」はフォルダ、「*」は実行可能ファイル、「@」はシンボリックリンク、「l」はFIFO、「=」はソケットを表す
-R	フォルダ内のファイルも表示する
-S	ファイル容量順に並び替える
-X	拡張子で並び替える

273

Appendix

解説	現在のフォルダ（カレントフォルダ）や指定したフォルダにあるファイルやフォルダなどを一覧表示する。また、「-l」オプションをつけることでファイルやフォルダの詳しい内容を閲覧できる。

コマンド	**man**
概要	オンラインマニュアルを表示する
構文	man [オプション] [セクション] [コマンド名]
オプション	-P テキスト閲覧コマンド　閲覧に利用するテキスト閲覧コマンドを指定する
	-a　　　　　　　　　　　指定したコマンド名にマッチするすべてのマニュアルを表示する
	-b　　　　　　　　　　　モノクロで表示する
	-h　　　　　　　　　　　簡易ヘルプを表示する
	-k 文字列　　　　　　　　指定した文字列を含むマニュアルを一覧表示する
解説	指定したコマンドの利用方法を表示する。表示した利用方法はmoreやless、lvといったテキスト閲覧コマンドで閲覧される。また、複数の機能があるコマンドではセクション番号を指定することでどちらを表示するかを選択できる。

コマンド	**mkdir**
概要	フォルダを作成する
構文	mkdir [オプション] [フォルダ]
オプション	-m　　　　　　　　　　　フォルダのモードを設定する
	-p　　　　　　　　　　　サブフォルダも同時に作成する。ツリー状のフォルダも作成可能
	-v　　　　　　　　　　　フォルダを作成するごとにメッセージを出力する
解説	指定したフォルダを新規作成する。また、多階層のフォルダを同時に作成したい場合は、「-p」オプションを利用する。

コマンド	**mv**
概要	ファイルやフォルダの移動・名前の変更をする
構文	mv [オプション] [元のファイル・フォルダ] [移動先のファイル・フォルダ]
オプション	-b　　　　　　　　　　　上書きや、削除されるファイルについてバックアップを作成する
	-f　　　　　　　　　　　移動先に同名ファイルがあるときも警告なく上書きをする
	-i　　　　　　　　　　　上書きされるファイルがあるときは問い合わせする
	-u　　　　　　　　　　　同名のファイルが存在した場合、タイムスタンプを比較し、同じまたは新しいときには移動を行わない
	-v　　　　　　　　　　　移動の前にそのファイル名を表示する
解説	ファイルやフォルダを移動する。また、ファイルやフォルダを指定し、同フォルダに違う名前で移動した場合は、実質的にファイル名またはフォルダ名を変更したのと同等となる。

コマンド	**passwd**
概要	ユーザーのパスワードを変更する
構文	passwd [オプション] [ユーザー名]
オプション	-g　　　　　　　　　　　グループのパスワードを変更する
	-x 日数　　　　　　　　　パスワードの有効な日数を指定する
	-n 日数　　　　　　　　　パスワードが変更可能になるまでの日数を指定する
	-w 日数　　　　　　　　　パスワードが有効期限を迎える前に警告メッセージを表示する日数を指定する
	-i 日数　　　　　　　　　パスワードが期限切れになってから使用不能になるまでの日数を指定する
	-d　　　　　　　　　　　パスワードを空にする
	-l　　　　　　　　　　　ユーザーアカウントをロックする
	-u　　　　　　　　　　　ユーザーアカウントをアンロックする
	-S　　　　　　　　　　　アカウントの状態を表示する

Appendix-1 ┃┃┃ Linuxコマンドリファレンス

> **解 説** ユーザーのログインパスワードを変更する。管理者がユーザー名を指定すると、指定したユーザーのパスワードが変更できる。また、パスワードの期限なども同時に設定できる。

コマンド **ps**

概 要 実行中のプロセスを一覧表示する

構 文 ps [オプション] [プロセス番号]

オプション

-A	すべてのプロセスを表示する
a	端末上で動いている自分以外のユーザーのプロセスも表示する
e	「実行命令＋」に環境変数を付加する
f	ツリー形式で表示する
h	ヘッダーを表示しない
j	pgidとsidを表示する
l	長い形式で表示する
m	スレッドも表示する
n	USERとWCHANを数字で表示する
r	実行中のプロセスだけ表示する
s	シグナル形式で表示する
u	ユーザー名と開始時刻などを表示する
w	各行に1行追加して表示を拡大する。wを増やすことによって行数をさらに増やせる
x	制御端末のないプロセスの情報も表示する
S	子プロセスのCPU消費時間とページフォルトを合計する
-t 端末名	指定した端末名のプロセスを表示する
-u ユーザー名	指定したユーザーについてのプロセスを表示する

> **解 説** 現在システム上で実行されているプロセスを一覧表示する。オプションを変更することで、自分が実行したプロセス、すべてのプロセスなどを切り替えて表示できる。また、プロセス番号を指定すると、対応するプロセスの情報が表示される。psコマンドが表示する主な項目は以下のような意味を表している。

UID	ユーザー ID
USER	ユーザー名
PID	プロセスID
%CPU	プロセスのCPU占有率
%MEM	プロセスのメモリー占有率
STAT、S	プロセスの状態。Rは実行可能、Sは停止、Dは割り込み不可の停止、Tは停止またはトレース中、Zはゾンビプロセス、Wはスワップアウトしたプロセス、Nはナイス値が正であることを表す
TTY	制御端末の種類および番号
START	プロセスが開始した時刻
TIME	プロセスの実行経過時間
COMMAND、CMD	実行コマンド

コマンド **pwd**

概 要 現在のフォルダを表示する

構 文 pwd

> **解 説** 現在のフォルダ（カレントフォルダ）の場所を表示する。表示はルートフォルダからの絶対パスで表示される。

コマンド **rm**

概 要 ファイルやフォルダを削除する

構 文 rm [オプション] [ファイル・フォルダ]

オプション

-d	フォルダごとに削除できる。管理者権限が必要
-f	警告メッセージを表示しない
-i	ファイルを削除してよいかを問い合わせる

275

Appendix

	-r	フォルダ内を再帰的に削除する
	-v	ファイルを削除する前にファイル名を表示する
解説		指定したファイルを削除する。また、「-rf」オプションを指定することで、中にファイルの存在するフォルダを削除できる。

コマンド	**sort**
概要	テキストを並び替える
構文	sort [オプション] [ファイル]

オプション		
	-c	ファイルがすでに並び替えられているかをチェックする。並び替えられていなければエラーメッセージを出力する
	-m	複数のファイルを並び替えて1つのファイルにまとめる。ただし、それぞれのファイルはあらかじめ並び替えておく必要がある
	-b	各行の先頭の空白は無視する
	-d	アルファベット・数字・空白だけを使用して並び替える
	-f	小文字と大文字を区別せずに並び替える
	-M	先頭に現れた3文字を月表記とみなして並び替える。ただし、先頭にある空白は無視する
	-n	先頭の数字や記号（「+」、「-」、「.」 など）を数値とみなして並び替える。先頭の空白は無視する
	-r	逆順に並び替える
	-t セパレータ	指定した区切り（セパレータ）をフィールドの区切りとして利用する。指定されない場合は区切りは空白として扱われる
	-u	デフォルトや「-m」オプションを指定した際、同じ行が存在したときは、1行だけ表示する。「-c」オプションを指定した際、連続して等しい行がないかどうかをチェックする
	-k 場所1[, 場所2]	比較するフィールドおよびオフセットの範囲を指定する。場所1には開始位置、場所2には終了位置を指定する。場所の指定は「フィールド.オフセット」で表す。始めの位置は1とする

解説	指定したファイルの内容を行ごとに並び替える。通常は各文字の文字コードを比較して並び替えるが、「-n」オプションをつけることで、数値として並び替えられる。また、タブやスペースを区切りとしたフィールドを対象に並び替えも行える。

コマンド	**sudo**
概要	他のユーザー権限でコマンドを実行する
構文	sudo [オプション] コマンド

オプション		
	-l	指定したユーザーが実行可能なコマンドを一覧表示する
	-u	指定したユーザーの権限でコマンドを実行する

解説	コマンドを他のユーザーの権限で実行を行う。実行するユーザーは「-u」オプションに対象となるユーザー名を指定する。また、何もユーザーを指定しないと管理者権限で実行する。

コマンド	**useradd**
概要	ユーザーを新規登録する
構文	useradd [オプション] [ユーザー名]

オプション		
	-c コメント	コメントを記述する
	-d フォルダ	ユーザーのホームフォルダの位置を指定する
	-e 日付	ユーザーアカウントが無効になる日付を指定する。日付は「西暦-月-日」の形式で記述する
	-f 日数	パスワードの有効期限が切れてから使用不能になるまでの日数を指定する
	-g グループ名	ユーザーが主に所属するグループを指定する
	-G グループ名	ユーザーが所属する他のグループを指定する
	-m	ホームフォルダが存在しない場合は作成する
	-s シェル	ログイン後に起動するシェルを指定する
	-u ユーザー ID	ユーザー IDを指定する
	-D	ユーザー作成の初期設定を行う

Appendix-1 ▌▌ Linuxコマンドリファレンス

| 解 説 | 指定したユーザーを新規登録する。新規登録と同時にアカウントの有効期限やホームフォルダの場所なども指定できる。ただし、登録後のユーザーアカウントにはパスワードが設定されていないため、ユーザーが利用できるようにpasswd コマンドでパスワードを設定する必要がある。 |

コマンド `userdel`

概 要 ユーザーを削除する

構 文 userdel [オプション] [ユーザー名]

オプション -r　　　　　　　　　 ユーザーのホームフォルダも同時に削除する

| 解 説 | 登録されているユーザーアカウントを削除する。「-r」オプションを指定することで、ユーザーのホームフォルダも同時に削除できる。 |

コマンド `usermod`

概 要 ユーザーの設定を変更する

構 文 usermod [オプション] [ユーザー名]

オプション
-c コメント　　　 コメントを変更する
-d フォルダ　　　 ユーザーのホームフォルダを変更する
-e 日付　　　　　 アカウントの有効期限を変更する
-f 日数　　　　　 アカウントの有効期限が切れてから使用不能になるまでの日数を変更する
-g グループ名　　 ユーザーの主グループを変更する
-G グループ名　　 ユーザーが所属する副グループを変更する
-l ユーザー名　　 ユーザーのログイン名を変更する
-s シェル　　　　 ユーザーが利用するシェルを変更する
-u ユーザー ID　　ユーザー IDを変更する

| 解 説 | ユーザーアカウントに関連する情報を変更できる。例えば、ユーザーアカウントの有効期限や、ホームフォルダ、利用するシェルなどを設定できる。また、ユーザーが所属するグループの変更もusermodを利用する。 |

Appendix

277

Appendix

Appendix-2 電子部品購入可能店情報

電子部品を購入できる代表的な店舗を紹介します。ここで紹介した店舗情報は、2020年1月時点のものです。今後、変更になる場合もあります。実際の店舗情報や取り扱い製品などの詳細については、各店舗のWebページを参照したり、直接電話で問い合わせるなどしてご確認下さい。

インターネット通販店

スイッチサイエンス	URL ▶ http://www.switch-science.com/
ストロベリー・リナックス	URL ▶ http://strawberry-linux.com/
KSY	URL ▶ https://raspberry-pi.ksyic.com/
RSコンポーネンツ	URL ▶ https://jp.rs-online.com/web/

各地域のパーツショップ

通販 通信販売も行っている店舗（通販の方法は店舗によって異なります）

北海道

梅澤無線電機 札幌営業所 通販	URL ▶ http://www.umezawa.co.jp/ 所在地 ▶ 北海道札幌市中央区南2条西7丁目2-3 電話 ▶ 011-251-2992

東北

電技パーツ 通販		URL ▶ http://www.dengiparts.co.jp
	本社	所在地 ▶ 青森県青森市第二問屋町3-6-44 電話 ▶ 017-739-5656
	八戸店	所在地 ▶ 青森県八戸市城下4-10-3 電話 ▶ 0178-43-7034
梅澤無線電機 仙台営業所 通販		URL ▶ http://www.umezawa.co.jp/ 所在地 ▶ 宮城県仙台市太白区長町南4丁目25-5 電話 ▶ 022-304-3880
マルツ 仙台上杉店 通販		URL ▶ http://www.marutsu.co.jp/ 所在地 ▶ 宮城県仙台市青葉区上杉3-8-28 電話 ▶ 022-217-1402
笹原デンキ		URL ▶ http://sasahara-denki.la.coocan.jp/ 所在地 ▶ 山形県山形市東原町4-7-6 電話 ▶ 023-622-3355

Appendix-2 ∎∎ 電子部品購入可能店情報

尾崎電業社	URL ▶ http://www.nadeshiko.jp/ozaki/ 所在地 ▶ 福島県福島市宮下町4-22 電話 ▶ 024-531-9210
パーツセンターヤマト	所在地 ▶ 福島県郡山市中町15-27 電話 ▶ 024-922-2262
若松通商　会津営業所 `通販`	URL ▶ http://www.wakamatsu.co.jp/ 所在地 ▶ 福島県会津若松市駅前町7-12 電話 ▶ 0242-24-2868
関東	
ゴンダ無線	URL ▶ http://www12.plala.or.jp/g-musen/ 所在地 ▶ 栃木県小山市東間々田1-9-7 電話 ▶ 0285-45-7936
ヤナイ無線	URL ▶ http://park23.wakwak.com/~yanaimusen/ 所在地 ▶ 群馬県伊勢崎市日乃出町502-7 電話 ▶ 0270-24-9401
スガヤ電機	URL ▶ http://yogoemon.com/ 所在地 ▶ 群馬県前橋市天川町1667-22 電話 ▶ 027-263-2559
秋月電子通商　八潮店 `通販`	URL ▶ http://akizukidenshi.com/ 所在地 ▶ 埼玉県八潮市木曽根315 電話 ▶ 048-994-4313
サトー電気 `通販`	URL ▶ http://www.maroon.dti.ne.jp/satodenki/
川崎店	所在地 ▶ 神奈川県川崎市川崎区本町2-10-11 電話 ▶ 044-222-1505
横浜店	所在地 ▶ 神奈川県横浜市港北区鳥山町929-5-102 電話 ▶ 045-472-0848
タック電子販売 `通販`	URL ▶ http://www.tackdenshi.co.jp/ 所在地 ▶ 横浜市中区松影町1-3-7 ロックヒルズ2F 電話 ▶ 045-651-0201
東京	
東京ラジオデパート `通販`（一部店舗）	URL ▶ http://www.tokyoradiodepart.co.jp/ 所在地 ▶ 東京都千代田区外神田1-10-11 　※各店舗についてはホームページを参照してください
ラジオセンター `通販`（一部店舗）	URL ▶ http://www.radiocenter.jp/ 所在地 ▶ 東京都千代田区外神田1-14-2 　※各店舗についてはホームページを参照してください
マルツ `通販`	URL ▶ http://www.marutsu.co.jp/
秋葉原本店	所在地 ▶ 東京都千代田区外神田3丁目10-10 電話 ▶ 03-5296-7802
若松通商 `通販`	URL ▶ http://www.wakamatsu.co.jp/
秋葉原駅前店	所在地 ▶ 東京都千代田区外神田1-15-16 秋葉原ラジオ会館4F 電話 ▶ 03-3255-5064

Appendix

Appendix

秋月電子通商　秋葉原店 通販		URL ▶ http://akizukidenshi.com/ 所在地 ▶ 東京都千代田区外神田1-8-3 野水ビル1F 電話 ▶ 03-3251-1779
千石電商 通販		URL ▶ http://www.sengoku.co.jp/
	秋葉原本店	所在地 ▶ 東京都千代田区外神田1-8-6 丸和ビルB1-3F 電話 ▶ 03-3253-4411
	秋葉原2号店	所在地 ▶ 東京都千代田区外神田1-8-5 高田ビル1F 電話 ▶ 03-3253-4412
	ラジオデパート店	所在地 ▶ 東京都千代田区外神田1-10-11 東京ラジオデパート1F 電話 ▶ 03-3258-1059
サトー電気　町田店 通販		URL ▶ http://www.maroon.dti.ne.jp/satodenki/ 所在地 ▶ 東京都町田市森野1-35-10 電話 ▶ 042-725-2345
中部		
大須第1アメ横ビル 通販（一部店舗）		URL ▶ http://osu-ameyoko.co.jp/ 所在地 ▶ 愛知県名古屋市中区大須3-30-86 ※各店舗についてはホームページを参照してください
大須第2アメ横ビル 通販（一部店舗）		URL ▶ http://osu-ameyoko.co.jp/ 所在地 ▶ 愛知県名古屋市中区大須3-14-43 ※各店舗についてはホームページを参照してください
マルツ 通販		URL ▶ http://www.marutsu.co.jp/
	静岡八幡店	所在地 ▶ 静岡県静岡市駿河区八幡2-11-9 電話 ▶ 054-285-1182
	浜松高林店	所在地 ▶ 静岡県浜松市中区高林4-2-8 電話 ▶ 053-472-9801
	名古屋小田井店	所在地 ▶ 愛知県名古屋市西区上小田井2-330-1 電話 ▶ 052-509-4702
	金沢西インター店	所在地 ▶ 石川県金沢市間明町2-267 電話 ▶ 076-291-0202
	福井二の宮店	所在地 ▶ 福井県福井市二の宮2-3-7 電話 ▶ 0776-25-0202
無線パーツ		URL ▶ http://www.musenparts.co.jp/ 所在地 ▶ 富山市根塚町1-1-1 電話 ▶ 076-421-6887
松本電子部品商会 通販		URL ▶ http://www.mcci.or.jp/www/denshi/main.html 所在地 ▶ 長野県松本市巾上5-45 電話 ▶ 0263-32-9748
松本電子部品飯田 通販		URL ▶ http://www.mdb.jp/ 所在地 ▶ 長野県飯田市三日市場1177-3 電話 ▶ 0265-48-5217

松本電子部品伊那 通販	URL ▶	http://www.valley.ne.jp/~md-ina/
	所在地 ▶	長野県伊那市天竜町1851-1
	電話 ▶	0265-72-9560
松本電子部品諏訪	URL ▶	http://suwa-net.com/MDB/
	所在地 ▶	長野県下諏訪町東赤砂4528-1
	電話 ▶	0266-28-0760
よりみち 通販	URL ▶	http://www.yorimichi.co.jp/
	所在地 ▶	静岡県富士市宮島1443
	電話 ▶	0545-63-3610
RPEパーツ 通販	URL ▶	http://rpe-parts.co.jp/shop/
	所在地 ▶	愛知県名古屋市熱田区金山町2丁目8-3 ミスミ・ビル3F
	電話 ▶	052-678-7666
タケウチ電子 通販	URL ▶	http://www2.odn.ne.jp/~aag56520/www2.odn.ne.jp/
	所在地 ▶	愛知県豊橋市大橋通2-132-2
	電話 ▶	0532-52-2684

関西

マルツ 通販	URL ▶	http://www.marutsu.co.jp/
京都寺町店	所在地 ▶	京都市下京区寺町通四条下ル貞安前之町613番2F
	電話 ▶	075-342-2702
大阪日本橋店	所在地 ▶	大阪府大阪市浪速区日本橋5-1-14
	電話 ▶	06-6630-5002
千石電商 大阪日本橋店 通販	URL ▶	http://www.sengoku.co.jp/
	所在地 ▶	大阪府大阪市浪速区日本橋4-6-13 NTビル1F
	電話 ▶	06-6649-2001
共立電子産業 通販	URL ▶	http://eleshop.jp/shop/default.aspx
シリコンハウス	URL ▶	http://silicon.kyohritsu.com/
	所在地 ▶	大阪市浪速区日本橋5-8-26
	電話 ▶	06-6644-4446
デジット	URL ▶	http://digit.kyohritsu.com/
	所在地 ▶	大阪市浪速区日本橋4-6-7
	電話 ▶	06-6644-4555
三協電子部品	URL ▶	http://www.sankyo-d.co.jp/
	所在地 ▶	大阪市浪速区日本橋5丁目21番8号
	電話 ▶	06-6643-5222
テクノパーツ 通販	URL ▶	https://store.shopping.yahoo.co.jp/t-parts/
	所在地 ▶	兵庫県宝塚市向月町14-10
	電話 ▶	0797-81-9123

Appendix

中国・四国	
松本無線パーツ 通販	URL ▶ http://www.matsumoto-musen.co.jp/ URL ▶ http://www.mmusen.com/　（通販サイト）
岡山店	所在地 ▶ 岡山県岡山市青江5-16-1 1F 電話 ▶ 086-206-2000（小売部）
広島店	所在地 ▶ 広島市西区商工センター 4丁目3番19号 電話 ▶ 082-208-4447
松本無線パーツ岩国 通販	URL ▶ https://www2.patok.jp/WebApp/netStore/manager.aspx 所在地 ▶ 山口県岩国市麻里布4-14-24 電話 ▶ 0827-24-0081
でんでんハウス佐藤電機	URL ▶ http://www.dendenhouse.jp/ 所在地 ▶ 徳島県徳島市住吉4-13-2 電話 ▶ 088-622-8840
エレパーツコーワ	所在地 ▶ 徳島県板野郡北島町中村樫切9 電話 ▶ 088-698-6934
九州・沖縄	
マルツ　博多呉服町店 通販	URL ▶ http://www.marutsu.co.jp/ 所在地 ▶ 福岡県福岡市博多区下呉服町5－4 電話 ▶ 092-263-8102
カホパーツセンター 通販	URL ▶ http://www.kahoparts.co.jp/deal2/deal.html 所在地 ▶ 福岡市中央区今泉1-9-2 天神ダイヨシビル2F 電話 ▶ 092-712-4949
西日本ラジオ 通販	URL ▶ http://www.nishira.co.jp/ 所在地 ▶ 福岡県福岡市博多区冷泉町7-19 電話 ▶ 092-263-0177
部品屋ドットコム 通販	URL ▶ http://www.buhinya.com/ 所在地 ▶ 佐賀県佐賀市鍋島六丁目5-25 電話 ▶ 0952-32-3323
エイデンパーツ	URL ▶ https://www.facebook.com/eidenparts/ 所在地 ▶ 長崎県長崎市鍛冶屋町7-50 電話 ▶ 095-827-8606
沖縄電子	URL ▶ http://www.denshi-net.jp/ 所在地 ▶ 沖縄県宜野湾市大山3-3-9 電話 ▶ 098-898-2358

Appendix-3 | 本書で扱った部品・製品一覧

ここでは、本書で実際に使用した部品や製品を一覧表にしています。準備や購入の際の参考にしてください。表示価格は参考価格であり、店舗によって異なります。また、為替や原価の変動で今後価格が変動する可能性もあります。さらに、廃番などにより入手できなくなることもありますので、その点ご了承ください。

Raspberry Pi関連

品　名	参考価格	参照ページ
Raspberry Pi 4 Model B（4Gバイト）	約7,000円	p.14
Raspberry Piケース	約1,000円	p.33
microSDカード 16Gバイト	約1,000円	p.32
ACアダプター	約1,000円	p.25、26
USB Type-Cケーブル	約800円	p.25
microUSBケーブル	約300円	p.27
キーボード（USB接続）	約1,000円	p.27
マウス（USB接続）	約500円	p.27
USBハブ（セルフパワー型）	約1,000円	p.37
HDMIケーブル	約1,000円	p.30
Micro HDMI―HDMI変換ケーブル	約1,000円	p.30
HDMI―DVI変換ケーブル	約1,000円	p.31
ネットワークケーブル	約300円	p.32
無線LANアダプタ	約1,000円	p.87
外部バッテリー（5800mAh、USB出力端子）	約2,500円	p.35
Raspberry Pi用カメラモジュール	約3,700円	p.252

Appendix

電子部品関連

品　名	購入個数	参考価格	購入店	参照ページ
ブレッドボード 1列10穴（5×2）30列、 電源ブレッドボード付き	1個	200円	―	p.169
オス―オス型ジャンパー線 10cm、20本セット	2セット	360円 （単価：180円）	―	p.169
オス―メス型ジャンパー線 15cm、10本セット	2セット	440円 （単価：220円）	―	p.169
カーボン抵抗（1/4W）	100Ω：1本 10kΩ：1本	15円 （単価：5円）	―	p.170、180、 183、224、 245
半固定抵抗（1kΩ）	1個	30円	―	p.220
φ5mm赤色LED 順電圧：2V　順電流：20mA	1個	15円	―	p.172、180、 183
タクトスイッチ	1個	50円	―	p.192
基板用3Pトグルスイッチ	1個	80円	―	p.245
CdSセル「GL5528」	1個	40円	―	p.223、245
DRV8835使用ステッピング＆ DCモータドライバモジュール	1個	300円	秋月電子通商	p.204
DCモーター「FA-130RA」ケーブル付き	1個	120円	秋月電子通商	p.204
電池ボックス　単3×2本	1個	80円	秋月電子通商	p.204
単3電池	2本	100円	―	p.204
ガード付きプロペラ	1個	270円	千石電商	p.204
12ビットA/Dコンバーター Adafruit「ADS1015 12-Bit ADC」	1個	1,393円	スイッチサイエンス	p.217、245
ピンヘッダ 1列40P、6.3mm / 3.0mm	1個	100円	―	p.227
湿度センサー Honeywell「HIH-6130」	1個	3,812円	スイッチサイエンス	p.227
有機ELキャラクタ ディスプレイモジュール Sunlike Display Tech. 「SO1602AWWB-UC-WB-U」	1個	1,580円	秋月電子通商	p.234
赤外線人体検知センサー SainSmart 「焦電型赤外線センサーモジュール」	1個	400円	秋月電子通商	p.252

※故障等の場合を考え、抵抗などの安価な電子部品は、多めに購入しておくとよいでしょう。複数個のセットがお勧めです。

INDEX

記号／数字

#	76
~	67
$	67
.py	153
/var/www/html/	119
2進数	214
10進数	214
12ビットのデジタルデータ	218
16進数	214

A

A	175
ACアダプター	35
Add/Remove Software	97
ADS1015	217, 247
A/Dコンバーター	217, 244
AI	261
amixer	250
Apache HTTP Server	118
apt	92
APT	92
ARM	11, 115

B

Bluetooth	28
Broadcom	166

C

C++	141
CdSセル	223, 244
CLI	65
cron	243
crontab	243
C言語	12, 141

D

DCモーター	202, 203
dd	52
deb	91
DIPスイッチ	190
DPI	30
DRV8835	204
DRV8835使用ステッピング&DCモータドライバモジュール	204

E

E24系列	171
EDID	31
E系列	171

G

GL5528	223
Gmail	240
GND	177, 178
GPIO	10, 13, 162
GUI	64

H

HDMI	28
HDMI出力	30
HDMIマイクロ	19, 29
HDMIミニ	19, 29
HIH-6130 デジタル湿度センサー	227
history	70

I

I²C	20, 210
i2cdetect	213
I²Cアドレス	213
if	159
If	172, 182
import	158
ip	84

J

Java	12, 141

L

LED	172
Linux	118
Linuxディストリビューション	43
ls	67
LXTerminal	65

M

Make: Japan	13
Maker Faire	13
MariaDB	120
Micro HDMI	19, 29
microSDカード	33
microUSB	28
Mini HDMI	19, 29
Motion	261
Mousepad	73

N

nano	73
NAS	128
nginx	118
Nico-TECH:	14
NOOBS	40, 41, 47
NOOBS Lite	41

285

INDEX

O

OpenCV	261, 262
OS	40

P

PHP	12, 120, 260
print	153
PWM	202
Python	12, 141, 153
python3	154

R

Raspberry Pi	10
Raspberry Pi 4 Model B	22
Raspberry Pi Camera Board	252
Raspberry Pi Camera Module	252
Raspberry Pi Foundation	10
Raspberry Pi PiNori Camera Module	252
Raspberry Piの設定	77
Raspberry Pi用ケース	33
Raspbian	42, 114
raspistill	254
Ruby	141

S

Samba	128
SCL	210
Scratch	12, 142, 143
Screen Configuration	81
SDA	210
SD Card Formatter 5.0	44
SO1602AWWB	234, 241
SoC	18
SPI	20
SSH	102
startx	66
sudo	75

T

Type-A HDMI	29

U

UART	20
USB micro-B	26
USB Type-C	25
USBハブ	18
UUID	138

V

V	173
Vcc	178
Vdd	177, 178
Vee	178
Vf	172, 182
Vss	178

W

Webサーバー	118
while	157
Win32 Disk Imager	49

あ

アース	178
秋月電子通商	168
アナログ出力	202
アノード	172
アンペア	175
アンマウント	136
依存関係	91
イメージ	40, 41, 42
インターフェイス	79
インデント	157
インポート	158
オーバースキャン	79
オープンソースカンファレンス	13
オームの法則	176
押しボタンスイッチ	191
オス型	169
オプション	68
オルタネートスイッチ	191

か

カーネル	43
回路図	177
画像処理	261
カソード	172
カテゴリー	32
カテゴリー5	32
カテゴリー6	32
可変抵抗	219
カメラモジュール	252
カレントフォルダ	67
管理者権限	75
基板	169
極性	172, 179
グランド	177, 178
固定IPアドレス	85
コマンド	65
コマンドプロンプト	65, 67
コンソール	65, 66
コンポジット	30

さ

自動判別	261
ジャンパー線	169
順電圧	172, 182
順電流	172, 182

INDEX

条件式	149, 159
条件分岐	149
焦電型赤外線センサー	252
焦電型赤外線センサーモジュール	252
ショート	179
深層学習	262
スイッチ	190
スイッチサイエンス	168
数値	156
スーパーユーザー	75
スクラッチ	12, 142
スクリプト	68
ストロベリー・リナックス	168
スライドスイッチ	190
スラッシング	34
静的IPマスカレード	125
静的NAT	125
セルフパワー方式	36
千石電商	168
素子	173

た

ターミナル	105
タクトスイッチ	191
端末アプリ	65
チャタリング	198, 201
ディープラーニング	262
抵抗	170
ディスプレイシリアルインタフェース	30
テキストエディタ	73
デバイスファイル	134
電圧	173, 174
電位	174
電位差	174
電荷	175
電源	173
電子回路	162
電子工作	10
電子部品	168
電流	27, 175
導線	173
トグルスイッチ	190

な

日本語フォント	115
ネットワークアダプタのデバイス名	85

は

バスパワー方式	36
パッケージ	91
パッケージ管理ツール	92
バッテリー	35
パフォーマンス	79
パルス変調	202

半固定抵抗	220
汎用入出力	10, 162
ピンヘッダ	163, 167
ファイル共有サーバー	128
プッシュスイッチ	191
プルアップ	193, 195, 199
プルダウン	193, 195, 199
フルパス	243
ブレッドボード	169
プログラミング	140
プログラミング言語	12, 140
プログラム言語	140
分圧回路	226
変数	147, 155
ポート転送	125
ポートフォワーディング	125
ポートマッピング	125
補完機能	71
保護素子	36
ボタン	191
ポテンショメーター	219
ポリスイッチ	36
ボリューム	219, 220
ボルト	173

ま

マウント	136
マルチディスプレイ	83
マルツパーツ	168
メス型	169
モーター制御用IC	203
モーメンタリスイッチ	191
文字列	156
ものづくり	13
モバイルバッテリー	35

や

有機ELキャラクタデバイス	234

ら

ライブラリ	158, 164, 247
ラズベリー・パイ財団	10
リモートアクセス	101
履歴機能	70
ルート	75
ループ	178
ローカライゼーション	80
ロータリースイッチ	190

287

著者紹介

福田 和宏（ふくだ かずひろ）

株式会社飛雁、代表取締役。工学院大学大学院電気工学専攻修士課程卒。大学時代は電子物性を学んでいたが、学生時代にしていた雑誌社のアルバイトがきっかけで、ライター業を始める。現在は、主に電子工作やLinux、スマートフォンの関連記事や企業向けマニュアルの執筆、ネットワーク構築、教育向けコンテンツ作成などを手がける。
クラフト作家と共同で作品に電子工作を組み込む試みをしている。
「サッポロ電子クラフト部」（https://sapporo-elec.com/）を主催。物作りに興味のあるメンバーが集まり、数ヶ月でアイデアを実現することを目指している。

■主な著書

- 「電子部品ごとの制御を学べる！ Raspberry Pi 電子工作実践講座 改訂第2版」「これ1冊でできる！ Arduinoではじめる電子工作 超入門 改訂第3版」「電子部品ごとの制御を学べる！ Arduino 電子工作 実践講座」「実践！ CentOS 7 サーバー徹底構築 改訂第二版 CentOS 7(1708)対応」（すべてソーテック社）
- 「Arduino[実用]入門—Wi-Fiでデータを送受信しよう！」（技術評論社）
- 「ラズパイで初めての電子工作」「日経Linux」「ラズパイマガジン」「日経ソフトウエア」「日経パソコン」「日経PC21」「日経トレンディ」（日経BP社）

これ1冊でできる！
ラズベリー・パイ 超入門（ちょうにゅうもん）改訂第6版
Raspberry Pi 1+/2/3/4/Zero/Zero W対応

2020年2月29日	初版	第1刷発行
2021年4月20日	初版	第3刷発行

著　　　　者	福田和宏
カバーデザイン	広田正康
発　行　人	柳澤淳一
編　集　人	久保田賢二
発　行　所	株式会社ソーテック社
	〒102-0072　東京都千代田区飯田橋4-9-5　スギタビル4F
	電話（注文専用）03-3262-5320　FAX 03-3262-5326
印　刷　所	大日本印刷株式会社

©2020 Kazuhiro Fukuda
Printed in Japan
ISBN978-4-8007-1261-5

本書の一部または全部について個人で使用する以外著作権上、株式会社ソーテック社および著作権者の承諾を得ずに無断で複写・複製することは禁じられています。
本書に対する質問は電話では受け付けておりません。また、本書の内容とは関係のないパソコンやソフトなどの前提となる操作方法についての質問にはお答えできません。
内容の誤り、内容についての質問がございましたら切手・返信用封筒を同封のうえ、弊社までご送付ください。
乱丁・落丁本はお取り替え致します。

本書のご感想・ご意見・ご指摘は
http://www.sotechsha.co.jp/dokusha/
にて受け付けております。Webサイトでは質問は一切受け付けておりません。